電子通信情報系コアテキストシリーズ C-1

実践コンパイラ構成法

滝本 宗宏

著

コロナ社

電子通信情報系コアテキストシリーズ
編集委員会

編集委員長

博士(情報理工学) 浅見 徹 (東京大学)

編集委員

(五十音順)

博士(理学) 河野 健二 (慶應義塾大学)

博士(情報学) 五島 正裕 (国立情報学研究所)

2017年3月現在

刊行のことば

　産業革命には，エネルギーを基軸に段階分けする立場と，産業のインフラ要素から情報化を含めて段階分けする立場がある．1860年代から始まったとされる第2次産業革命はエネルギー源としての「電気」を基軸に置く議論が一般的である．ところが，明治政府はそのような分類学を超越し，電気の効能は通信にあると見切っていた．実際，明治4年（1871年）には東京・ロンドン間で電信網を完成させ，その開発・運用に必要な技術者養成を目指して，明治6年に工部省工学寮電信科を創設している．本シリーズのテーマである電気・電子，通信と情報に関する日本最初の学校である．東京に電灯が灯ったのが1882年であるから，その10年以上前に通信網を完成していたわけである．一方，ケンブリッジ大学は1871年に電磁気現象に物理学の未来を夢見てキャヴェンディッシュ研究所を設立している．今から考えると，どちらの「電気」の見方も正しかったが，より産業的な実利を得たのは日本だったといえよう．現代は第4次産業革命のただ中にあるといわれ，日本の立ち遅れを叱責する声が大きい．ただし，そのように外国がやっていることをただ真似るのだとしたら，明治政府は物理学研究所を作っていたはずである．彼らは，後世にいわれるほど西洋の物まねに機械的に熱中していたわけではない．彼らなりの戦略眼があったと見るべきである．

　電気・電子，通信そして情報は，以来，工学の主要な分野を形作ってきたが，特に第2次世界大戦後は，電子工学に代表される工業製品や生産設備の刷新を経て，1990年代以降の情報通信社会を導いている．これはコンピュータの性能の急速な向上と，光通信に代表される通信網の急速な高速化に支えられたイ

刊行のことば

ンターネットの出現に負うところが大きい。太平洋横断海底通信ケーブルを例にとると最初の光ケーブルだった TPC-3（1989年）の 560 Mbps と比較して FASTER（2016年）の 60 Tbps では約11万倍の高速化が達成されている。この結果，全世界の情報を一瞬に集め，これまでにない速度で処理する，いわゆるビッグデータの時代が到来している。今や，SNS (Social Networking Service) などに代表されるように，我々の活動は様々なディジタルメディアに書き込まれるようになっている。我々は梅棹忠夫が数十年前に予想した情報環境の中で生活するようになったともいえる。20世紀までの歴史研究の「書物」がそうであったように，ディジタル・メディアに堆積された「情報」こそ，これからの歴史を語る際の基本資料であるといえる。

そこで今回，これから技術者を目指す電気・電子・情報系学部生また高専生向けの教科書シリーズ「電子通信情報系コアテキストシリーズ」を立ち上げた。本シリーズは，電気・電子分野（A），通信分野（B）そして情報分野（C）と三つの分野に分け，多くの大学で講義されている科目を厳選し，実際に講義を担当している先生を執筆者とし，これからの教育現場に合った教科書を目指している。

本シリーズで勉強した学生が，若者の目で，上記のような2010年代における価値観から技術を再整理する一助になれば幸いである。

2017年5月

編集委員長　浅見　徹

まえがき

　言語処理系の研究の歴史は，計算機科学の分野の中でも，特に古い部類に入る。その長い歴史の中でも，最近のコンパイル技術の発展には目を見張るものがある。プログラミング言語に新しい概念が導入されるたびに新たなコンパイル手法が提案されてきたのはもちろんであるが，コード最適化に代表されるコンパイラ特有の技術も目覚ましい発展を遂げてきた。

　一方，コンパイラの理論と実装の間のギャップはさらに広がったように見える。なぜなら，コンパイラの理論は，長年かつ多岐にわたるアルゴリズムの集積によってさらに複雑化しており，その実装は，新たな原始言語あるいは目的機械から生ずる多くの例外を，統合するよう求められるからである。大学や大学院における授業のなかで，このギャップを埋めて実践的なコンパイラのイメージを伝えることは，さらに難しくなった。

　それでも，すでにコンパイラの知識を身に付けた研究者にとって，自分が組み立てた理論や手法のコンパイラ上への実装は，容易になったように見える。それは，コンパイラ共通基盤のような，実装の難しさをモジュール化しながら，一部の改編によって研究成果を得ることができる多くのツールや方法が提供されるようになってきたからである。

　同様な方法を，基礎を教える授業に適用するのは難しい。それは，アルゴリズムとその実装を直接結び付けて解説する必要性があることから，モジュール化をうまく利用できないからである。

　そこで，従来から，自動生成系を導入することによって，その入力である宣言的な表現でコンパイラの一部を記述する試みがなされてきた。この試みは，授

業の理解を深めるとともに，授業内でのコンパイラの実装を容易にするのに役立った。しかしながら，依然として，自動生成系の意味動作や，コンパイラのほかの部分は，C 言語や Java で記述されることが多く，自動生成される部分とそれ以外の部分との間には大きなギャップが残されていた。

本書は，自動生成系を利用するとともに，コンパイラを記述するプログラミング言語に，OCaml という関数型言語を採用している。OCaml は，型付きの強い言語でありながら，型推論機構によって，型を指定する必要がほとんどない。さらに，組やリストといったデータ構造を表現する構文を備えており，新しいデータ構造も容易に定義することができる。この OCaml の勘弁な記述によって，例えば，アルゴリズムの説明を行う際にも，仮想言語を用いることなく，OCaml の記述を直接に見せて進めることもできるであろう。

そうはいっても，OCaml は，C 言語や Java 言語のように，多くの大学で教えられているプログラミング言語というわけではない。多くの場合，コンパイラの授業のために，わざわざ新しいプログラミング言語を学ぶということになるかもしれない。そのような場合のために，本書の最初には，プロジェクトを実施するために必要最低限の OCaml への入門を載せた。

本書のもう一つの特徴は，機械コードとして x64 コードを採用していることである。一般性を排し，特定の多くの PC で動作できるコードを採用することによって，具体性を高め，課題や自主開発を通じた独自の発展を促すことが狙いである。なるべく学生自身の PC で動作確認ができるように，Linux，Mac OS X，Cygwin で動作するように心がけた。

本書中で紹介したソースコード，また内容をよりよく理解するための練習問題は Web[†]で提供するので，是非活用していただきたい。

本書の内容は，著者がここ数年，東京理科大学，慶應義塾大学，東京工業大学の学部学生を対象に担当してきたコンパイラの講義資料をベースにしている。OCaml については，東京理科大学の情報科学科の学生が，演習をとおして使用

[†] コロナ社の書籍詳細ページ（http://www.coronasha.co.jp/np/isbn/9784339019339/）の関連資料からダウンロードのこと。

まえがき

した経験があるだけであった．また，慶應義塾大学と東京工業大学では，関数型言語を使用するのも初めてという学生が多かったが，実装課題においては優れたレポートが多く見られたことを付け加えておきたい．

2017年5月

滝本 宗宏

目次

1章 はじめに

1.1 言語処理系　*2*
1.2 コンパイラ　*2*
 1.2.1 コンパイラの構成　*3*
 1.2.2 開発ツールと記述言語　*5*

2章 記述言語

2.1 コンパイラの記述と OCaml　*7*
2.2 OCaml の基本　*7*
 2.2.1 実行と基本型　*7*
 2.2.2 変数束縛　*11*
 2.2.3 関数定義　*12*
2.3 複雑な型の利用　*13*
 2.3.1 構造を持つ型　*13*
 2.3.2 パターンマッチング　*15*
 2.3.3 便利な高階関数　*15*
2.4 型の定義　*17*
 2.4.1 レコード　*17*
 2.4.2 バリアント　*19*
2.5 そのほかの重要構文　*20*
 2.5.1 let–rec–and と type–and　*20*

        2.5.2　参　照　型　*21*

        2.5.3　例　　　　外　*22*

    2.6　インタプリタの作成　*23*

        2.6.1　プログラムの木表現　*23*

        2.6.2　環　　　　境　*25*

        2.6.3　意　味　関　数　*26*

        2.6.4　インタプリタの完成　*27*

3章　字　句　解　析

    3.1　字句解析の概観　*30*

    3.2　トークンの指定　*31*

        3.2.1　正　規　表　現　*32*

        3.2.2　Lex のトークン指定　*33*

    3.3　有限オートマトンによる実現　*35*

        3.3.1　有限オートマトン　*35*

        3.3.2　DFA とその利用　*36*

        3.3.3　正規表現から NFA への変換　*39*

        3.3.4　NFA から DFA への変換　*41*

        3.3.5　状態の最小化　*44*

    3.4　Lex を用いた字句解析器の実現　*45*

    3.5　Simple コンパイラの字句解析器　*48*

4章　構　文　解　析

    4.1　構文の指定　*51*

    4.2　文脈自由文法　*52*

        4.2.1　導　　　　出　*52*

        4.2.2　解析木と曖昧な文法　*53*

        4.2.3　曖昧でない文法への変換　*55*

    4.3　予測型構文解析　*57*

- 4.4 FIRST 集合と FOLLOW 集合　*59*
  - 4.4.1 FIRST 集合を求めるアルゴリズム　*60*
  - 4.4.2 FOLLOW 集合　*62*
- 4.5 予測型構文解析器の実現　*64*
  - 4.5.1 予測型構文解析表　*64*
  - 4.5.2 左再帰の除去　*65*
  - 4.5.3 左くくり出し　*66*
  - 4.5.4 エラー回復　*69*
- 4.6 LR 構文解析　*70*
  - 4.6.1 LR(0) 構文解析器の実現　*73*
  - 4.6.2 SLR 構文解析　*78*
  - 4.6.3 LR(1) 構文解析　*79*
  - 4.6.4 LALR(1) 構文解析　*83*
  - 4.6.5 文法クラスの関係　*85*
- 4.7 Yacc と Simple 言語の構文解析器の実現　*85*
  - 4.7.1 OCamlyacc の概観　*86*
  - 4.7.2 曖昧な文法の利用　*90*
  - 4.7.3 OCamlyacc のエラー回復　*93*
  - 4.7.4 OCamllex との連携　*94*
- 4.8 抽象構文木　*96*
- 4.9 Simple コンパイラの構文解析　*101*
  - 4.9.1 文　*103*
  - 4.9.2 宣言　*104*
  - 4.9.3 左辺値　*105*
  - 4.9.4 式　*105*
  - 4.9.5 構文解析の実現　*106*

5章 意味解析

- 5.1 記号表　*110*

　　　　5.1.1　有効範囲と記号表　　110
　　　　5.1.2　記号表の実現　　112
　　　　5.1.3　記号表の登録情報　　118
　　5.2　型検査　119
　　　　5.2.1　型　　119
　　　　5.2.2　式の型検査　　122
　　　　5.2.3　宣言の処理　　125

6章　実行時環境

　　6.1　x64アセンブリ言語　　131
　　　　6.1.1　x64アセンブリコードの概観　　131
　　　　6.1.2　メモリの構成　　133
　　　　6.1.3　x64の命令　　135
　　6.2　関数呼出しと駆動レコード　　140
　　　　6.2.1　高階関数　　140
　　　　6.2.2　スタックフレーム　　142
　　　　6.2.3　呼出し規約　　144
　　　　6.2.4　非局所データの参照　　149

7章　コード生成

　　7.1　コード生成の準備　　155
　　7.2　式のコード生成　　157
　　　　7.2.1　定数と変数　　157
　　　　7.2.2　算術演算　　160
　　　　7.2.3　関数呼出し　　163
　　7.3　文のコード生成　　163
　　　　7.3.1　代入文　　164
　　　　7.3.2　Cライブラリを呼び出す仮想関数　　164
　　　　7.3.3　return文　　168

        7.3.4　手続き呼出し　*168*

        7.3.5　関係演算と分岐　*170*

        7.3.6　ブロックのコード生成　*174*

　　7.4　宣言の処理　*175*

        7.4.1　型宣言の処理　*175*

        7.4.2　関数のコード生成　*176*

　　7.5　プログラムのコード生成　*177*

　　7.6　Simple コンパイラの完成　*177*

　　7.7　コード最適化　*179*

        7.7.1　冗長な命令の削除　*180*

        7.7.2　制御フローの最適化　*182*

付録　Simple 言語　*186*

　　A.1　言語マニュアル　*186*

        A.1.1　プログラム　*186*

        A.1.2　字　　　句　*186*

        A.1.3　宣　　　言　*186*

        A.1.4　文　*187*

        A.1.5　式　*188*

　　A.2　Simple 言語のプログラム例　*190*

        A.2.1　ユークリッドの互除法　*190*

        A.2.2　再帰を用いた単純ソート　*191*

　　A.3　Simple コンパイラプログラム　*192*

引用・参考文献　*203*
索　　　引　*204*

1章 はじめに

◆本章のテーマ

　本書は，プログラミング言語で書かれたプログラムから，身近な機械のうえで動作可能な機械コードを生成するまでの過程を，直観的にかつ実践的に解説している。
　コンパイラは，異なる表現に変換するフェーズという単位で構成されているが，本書の解説の流れも，フェーズの並びの順序にほぼ一致している。
　本章では，以降の流れを，コンパイラの構成とともに概観する。コンパイラの実装プロジェクトを進めるうえで重要な，開発ツールと記述言語についても触れる。

◆本章の構成（キーワード）

1.1 言語処理系
1.2 コンパイラ
　　コンパイラの構成，開発ツールと記述言語

◆本章を学ぶと以下の内容をマスターできます

☞　コンパイラとインタプリタの違い
☞　コンパイラの構成
☞　コンパイラの開発ツール

1.1　言語処理系

プログラミング言語で書かれたプログラムを処理するソフトウェアを**プログラミング言語処理系**，あるいは単に**言語処理系**という。言語処理系は，コンパイラとインタプリタに大別できる。

プログラムを，機械コードやほかのプログラミング言語で書かれたプログラムに変換するシステムを，**コンパイラ** (compiler) という。なお，ほかのプログラミング言語で書かれたプログラムに変換するものを**トランスレータ** (translator) と呼んで区別する場合もある。

一方，プログラム中の式や文がどのような命令列に対応するかを実行中に解析して，即座に実行するシステムを**インタプリタ** (interpreter) という。コンパイラが，事前にプログラムから変換した機械コードを実行する形式なのに対して，インタプリタは，実行中に対応する命令列を解析するので，実行効率が悪いという傾向がある。

また，Javaのように，プログラムを解析する手間がほとんどないバイトコードにコンパイルし，そのバイトコードを仮想機械で実行するものもある。仮想機械が仮想的な機械を実現したインタプリタであることを考慮すると，この実行形式は，コンパイラとインタプリタの両方の側面を持つといえる。すなわち，いったんバイトコードにコンパイルすれば，実行効率を大きく損なうことなく，どのような実行環境であっても，仮想機械さえ備わっていれば実行することができるのである。

このように，コンパイラとインタプリタとでは実行の仕方や特徴が異なるものの，プログラムを解析する部分は同じである。本書は，おもにコンパイラを念頭に解説するが，その多くの部分は，インタプリタの開発にも応用できる。

1.2　コンパイラ

コンパイラは，計算機上で実行可能なプログラムを自然言語に近い言葉で記

述したいという欲求から，プログラミング言語を機械コードへ変換するソフトウェアとして1950年代に誕生した。コンパイラの研究と開発は，当初，その実現に努力が注がれ，プログラミング言語の定式化と標準化とともに，実用的なコンパイラの実現に向けて基礎理論およびプログラム解析・生成技術が整備されてきた。現在では，一部を除いてほとんどの部分を自動生成することが可能になり，その自動生成ツールも広く使用されるようになっている。

　一方，コンパイラが生まれた当時から，より優れた機械コードの生成を目指す研究も続けられてきた。この優れたコードを生成する技術は，**コード最適化** (code optimization)，あるいは単に**最適化** (optimization) という[1),2)]†。現在，その努力は，自動的にあるいは指示子を用いてプログラムを**並列化** (parallelization) する技術も含め，コンパイラ研究の中心課題の一つになっている。

1.2.1　コンパイラの構成

　コンパイラは，入力として特定のプログラミング言語で書かれた**原始プログラム** (source program) を受け取り，プログラミング言語の構文と意味に基づいて，対応する**目的プログラム** (target program) を生成する。目的プログラムは，特定の機械コードや仮想機械コードであることが多いが，ほかのプログラミング言語で記述されたコードであってもよい。原始プログラムから目的プログラムが生成される過程は，図 **1.1** に示す一連の**フェーズ** (phase) からなり，個々のプログラム表現は，各フェーズによって，異なる表現に変換される。

　これらのフェーズは，プログラムの解析を行う**フロントエンド** (front end) と，プログラムの合成を行う**バックエンド** (back end) に大別できる。

　フロントエンドは，つぎの三つのフェーズで構成される。

① **字句解析** (lexical analysis) フェーズ
② **構文解析** (syntax analysis または parsing) フェーズ
③ **意味解析** (semantic analysis) フェーズ

---

† 肩付き数字は，巻末の引用・参考文献の番号を表す。

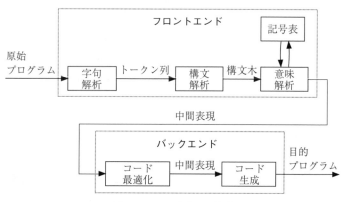

図 1.1 コンパイラの構成

　字句解析フェーズは，文字の並びである原始プログラムを，意味のある文字の列，すなわち**トークン** (token) 列へ変換する．つぎに構文解析フェーズは，構文規則に基づいて，トークン列から構文のパターンを見つけ，構文に対応する木表現である**構文木** (syntax tree) に変換する．構文解析フェーズが構文木を作成する際には，意味解析と連携して，字句有効範囲に基づく変数宣言の解決や型チェックなども行う．

　バックエンドの入力には，構文木を用いるコンパイラも存在するが，原始プログラムを記述しているプログラミング言語に依存する部分が少ない**中間表現** (intermediate representation) を用いるのが一般的である．中間表現を用いることによって，フロントエンドとバックエンドの独立性を高めることができ，各部分の再利用性を高めることができる．

　バックエンドは，大まかにいって，つぎの二つのフェーズで構成される．

① 　コード最適化 (code optimization) フェーズ
② 　コード生成 (code generation) フェーズ

　コード最適化フェーズは，入力として受け取った中間表現に対して特別なプログラム変換を適用することによって，高速に実行できるコードを生成したり，メモリサイズの小さいコードを生成したりする役割を果たす．コード最適化フェーズは，複数のコード最適化ルーチンで構成されることが多く，中間表現による

プログラムは，各最適化ルーチンによって順に変換される。

最終的に，中間表現をコード生成部に送り，目的プログラムが生成される。目的プログラムは機械コードで書かれる場合と，アセンブリコードで書かれる場合とがある。アセンブリコードの場合には，機械コードへの変換のために，さらに**アセンブラ** (assembler) と**リンカ** (linker) による処理が必要である。

1.2.2 開発ツールと記述言語

コンパイラを構成するフェーズのうち，字句解析と構文解析は，**正規表現** (regular expression) と**文脈自由文法** (context–free grammar) によって定式化できることが知られている。そして，これらを入力として，それぞれのフェーズを自動生成するつぎのツールを利用することができる。

- **Lex**：正規表現から字句解析プログラムを生成する。
- **Yacc**：文脈自由文法から構文解析プログラムを生成する。

本書の前半では，これらの自動生成を可能にする理論を説明し，Lex と Yacc を用いて，フロントエンドを作成する方法を説明する。

Lex と Yacc における意味動作とバックエンドの記述には，関数型プログラミング言語の一つである OCaml を用いる。OCaml は，型推論機構と豊富なデータ構造を表現する構文を持つので，型を指定したり，自分でデータ構造を宣言することに煩わされることなく，本来のアルゴリズムの記述に集中することができる。

また，目的プログラムの記述には，具体性を高めるために，最近の多くの PC で動作させることができる x64 コードというアセンブリコードを用いる。

本書では，演習プロジェクトとして，Simple という単純なプログラミング言語を定義し，x64 コードを生成するコンパイラを作成する。Simple コンパイラの記述は，Lex と Yacc を用いて，OCaml で記述する。そこで，プロジェクトに必要な範囲で，OCaml の入門と，x64 コードの入門を与える。

2章 記述言語

◆本章のテーマ

　コンパイラは，プログラムを処理するシステムであると同時に，それ自身もプログラムである．プログラムを記述するためには，記述言語を決めなければならない．本章では，本書をとおして，コンパイラの記述やアルゴリズムの説明に用いるプログラミング言語 OCaml を紹介する．

　本章は，サンプルプログラムを理解するうえで最低限の知識を与えることが目的である．OCaml を知る読者は，本章をとばして，つぎの章へ進んでもらいたい．

◆本章の構成（キーワード）

2.1　コンパイラの記述と OCaml
2.2　OCaml の基本
　　　実行と基本型，変数束縛，関数定義
2.3　複雑な型の利用
　　　構造を持つ型，パターンマッチング，便利な高階関数
2.4　型の定義
　　　レコード，バリアント
2.5　そのほかの重要構文
　　　let–rec–and と type–and，参照型，例外
2.6　インタプリタの作成
　　　プログラムの木表現，環境，意味関数，インタプリタの完成

◆本章を学ぶと以下の内容をマスターできます

☞　関数の定義
☞　パターンマッチング
☞　高階関数の利用
☞　型の定義と利用

2.1 コンパイラの記述と OCaml

コンパイラの記述言語は，コンパイラが用いられる開発環境，コンパイラを記述する際に必要になる記述能力，そして記述の容易さなどを考慮して決定される．また，プログラミング言語の表現力とそのコンパイラの性能を示すために，コンパイラをそのプログラミング言語自身で記述することも行われる．

本書では，特に記述の容易さを重視し，記述言語として，OCaml を用いる．OCaml は，**型推論** (type inference) 機構と，値に対する強力な**パターンマッチング** (pattern matching) 機構を持つ**関数型** (functional) と呼ばれる言語である．コンパイラの実現には，多くのデータ構造が必要になるので，アルゴリズムの実現のほかに，データ構造を指定するヘッダの記述に多くの時間を割かなければならないことが多い．型推論機構は，変数や関数の型を推論し，このヘッダの記述の煩わしさを軽減する．また，パターンマッチングは，複雑なデータ構造をより単純な値に分解するのを容易にしてくれるので，データ構造の扱いも容易になる．このように，OCaml の型推論機構とパターンマッチング機構は，データ構造の宣言と使用の面倒を軽減し，コンパイラ作成者がアルゴリズムの実現に集中できるようにしてくれるのである．

OCaml の特徴として，関数型言語であることを挙げたが，関数型言語が得意とする関数型プログラミングにはこだわらない．本書では，上で述べた二つの機構に加え，コンパイラの記述を容易にするという方針で，OCaml の命令型の側面もおおいに利用する．以降では，コンパイラを記述するために，最低限知っておくとよい OCaml の特徴をまとめる．ライブラリやツールの詳細は，「http://ocaml.jp」のようなサイトを参考にして欲しい．

2.2 OCaml の基本

2.2.1 実行と基本型

OCaml には，コンパイラと対話環境の 2 種類の処理系が用意されている．

コンパイラには，バイトコードコンパイラ ocamlc とネイティブコードコンパイラ ocamlopt がある．ocamlc が生成するバイトコードは，サイズが小さくなるが，実行には，バイトコードインタプリタ ocamlrun が必要である．一方，ネイティブコードコンパイラが生成するコードは，それ自身で実行することができるので，サイズは大きくなるが，実行は高速である．

例えば

```
print_string "Hello World!\n"
```

と記述したファイル test.ml をコンパイルして実行すると，つぎのようになる．

```
─ コンパイル ─────────────────────
> ocamlc -o test1 test.ml ⏎
> test1 ⏎
Hello World!
> ocamlopt -o test2 test.ml ⏎
> test2 ⏎
Hello World!
```

「-o」は，生成ファイル名を指定するオプションである．指定しなければ，いずれも a.out になる．バイトコードコンパイラが生成するファイルも自動的に ocamlrun を呼び出すので，バイトコードインタプリタの存在を意識する必要はない．

最初のうちは，個々の構文の振舞いを確認するために，対話環境で説明することにしよう．対話環境は，つぎのようにコマンド ocaml で起動する．

```
─ 対話環境の起動 ─────────────────
> ocaml ⏎
        OCaml version 4.01.0

#
```

2.2 OCaml の基本

対話環境を終了するには，EOF を送る[†1]か，制御コマンド「#quit」[†2]をつぎのように入力する。

対話環境の終了

```
# #quit;; ⏎
```

ほかにもよく使う制御コマンドとして，ファイルに記述したプログラムを読み込む「#use」がある。例えば，ファイル test.ml を読み込むには，つぎのようにする。

対話環境の終了

```
# #use "test.ml";; ⏎
Hello World!
- : unit = ()
#
```

対話環境では，# のあとに，なんらかの計算を行う式と入力の終了を意味する;; を入力すると，結果として値と，その型 (type) が表示される。例えば，整数の加算，減算，乗算，除算，剰余算を入力してみると，つぎのようになる。

整数の四則演算 (1)

```
# 7 + 2;; ⏎
- : int = 9
# 7 - 2;; ⏎
- : int = 5
# 7 * 2;; ⏎
- : int = 14
# 7 / 2;; ⏎
- : int = 3
# 7 mod 2;; ⏎
- : int = 1
#
```

[†1] Windows 環境では Ctrl +z，UNIX 環境では Ctrl +d で行う。
[†2] 対話環境の制御コマンドは，先頭に # が付いている。対話環境のプロンプト # と混同しないように注意が必要である。

例えば，「7 + 2;;」の結果である「- :　int = 9」は，「7 + 2」を評価した結果として，int 型の値 9 が得られたことを意味してる．OCaml では，整数型を int で表す．

括弧を含む複数の演算を行う式も，つぎのように計算できる．

```
─ 整数の四則演算 (2) ─────────────────
# 7 - 2 * 3;;⏎
- : int = 1
# (7 - 2) * 3;;⏎
- : int = 15
# (7 - 2⏎
  ) * 3;;⏎
- : int = 15
#
```

3 番目の例は，;; が入力されるまで，改行が無視されることを示している．

実数の計算には，浮動小数点数を表す float 型が用意されており，四則演算には，つぎのように整数と異なる演算子，+., -., *., /. を用いる．

```
─ 実数の四則演算 ─────────────────
# 7.0 /. 2.0;;⏎
- : float = 3.5
# 7.0 /. 2;;⏎
Error: This expression has type int but an expression was
expected of type float
#
```

このとき，オペランドとして実数以外の値を取ることはできないことに注意が必要である．実数でない値をオペランドとして用いると，型エラーを示すメッセージが表示される．

異なる型の値を計算に用いるためには，つぎのように型を変換しなければならない．int 型を float 型に変換する float_of_int 関数や，float 型を int 型に変換する int_of_float が利用できる．

2.2 OCaml の基本

―― 型変換 ――
```
# 7.0 /. (float_of_int 2);;
- : float = 3.5
# (int_of_float 7.0) / 2;;
- : int = 3
#
```

そのほかの基本型として，文字を表す char 型，文字列を表す string 型，論理値を表す bool 型，有用な値がないことを示す unit 型が利用できる．OCaml の基本型を，定数表現とともに表 2.1 にまとめて示す．

表 2.1 OCaml の基本型と定数表現

型名	値の種類	定数表現（リテラル）
int	整数	1, 2, -1, ⋯
float	浮動小数点数	1.0, -1.2, 3E-2, ⋯
char	文字	'a', 'b', ⋯
string	文字列	"hoge", "foo", ⋯
bool	論理値	true, false
unit	値なし	()

2.2.2 変数束縛

OCaml で変数を利用する場合は，つぎのように let から始まる**変数束縛**(variable binding) を用いる．例えば，「let x = 2」とすることによって，このあと，x を 2 として利用できる．これは，= の右辺の値 c を，左辺の変数 v の名前で扱えるようにすることを意味し，「変数 v を値 c に束縛する」という．

―― 変数束縛 ――
```
# let x = 2;;
val x : int = 2
# x + 3;;
- : int = 5
# let x = 4 * 5;;
val x : int = 20
# x + 6;;
- : int = 26
#
```

変数束縛は，同じ変数が新たに束縛されると，以前の値が見えなくなるので，注意が必要である。一方，in を用いて変数の使用範囲を指定することによって，**局所変数** (local variable) を用意することができる。つぎの例から，局所変数の束縛が，外側で束縛された変数に影響を与えないことがわかる。

```
─ 局所変数 ─────────────────────────
# let x = 2;;
val x : int = 2
# let x = 4 * 5 in x + 6;;
- : int = 26
# x + 6;;
- : int = 8
#
```

2.2.3 関数定義

関数も let を用いて定義する。関数名を f，仮引数を $x_1, x_2, \cdots, x_n$ とすると，「let f x_1 x_2 $\cdots$ x_n = 本体」のように定義する。

```
─ 関数定義 ─────────────────────────
# let add1 x = x + 1;;
val add1 : int -> int = <fun>
# add1 2;;
- : int = 3
# let add x y = x + y;;
val add : int -> int -> int = <fun>
# add 1 2;;
- : int = 3
#
```

関数 add1 の定義の結果として表示されている型「int -> int」は，整数に適用すると整数を返す関数であることを示している。このような型は，**型推論** (type inference) システムによって自動的に推論される。

関数 add で表示される型「int -> int -> int」は，一つの整数に適用すると，「int -> int」の型を持つ関数を返すことを表している。さらに，この

返戻値の関数を整数に適用すると，整数が返される．すなわち，「add 1 2」は，「(add 1) 2」と等しい．したがって，「add 1」のような部分的な適用によって返される関数をつぎの add1 のように変数に束縛することもできる．

```
─ 関数定義と型推論 ─────────────────────────
# let add x y = x + y;;
val add : int -> int -> int = <fun>
# let add1 = add 1;;
val add1 : int -> int = <fun>
# add1 2;;
- : int = 3
#
```

型推論には，int や float のような特定の型以外に，任意の型を意味するものもある．任意の型は，'a のように**型変数**(type variable) で表される．

```
─ 任意の型と型変数 ─────────────────────────
# let id x = x;;
val id : 'a -> 'a = <fun>
#
```

再帰関数を定義する際には，let の代わりに let rec を使用しなければならない．例えば，階乗を計算する関数 fact はつぎのようになる．

```
─ 再帰関数の定義 ──────────────────────────
# let rec fact x = if x <= 0 then 1 else x * (fact (x - 1));;
val fact : int -> int = <fun>
# fact 5;;
- : int = 120
#
```

2.3 複雑な型の利用

2.3.1 構造を持つ型

OCaml は，基本型以外に，構造を持った型を備えている．今後頻繁に使用す

るものとして，リスト (list) と組 (tuple) とレコード (record) を紹介する。

リストは，[と] の間に，要素を ; で区切って並べることによって表現する。

```
─ リストの定義 ─
# [1; 2; 3; 4];;
- : int list = [1; 2; 3; 4]
# [1; "2"; '3'; 4.0];;
Error: This expression has type string but an expression was
    expected of type int
#
```

この例のように，int 型の値を要素とするリストは，「int list」という型になる。また，リストの要素の型は一致していなければならない。異なる型の値を指定すると，型エラーを生じる。リストの基本操作には，先頭に要素を付加する :: や，二つのリストを結合する @ がある。

```
─ リストの基本操作 ─
# 'a' :: ['b'; 'c'; 'd'];;
- : char list = ['a'; 'b'; 'c'; 'd']
# ["hoge"; "foo"] @ ["boo"; "hogehoge"];;
- : string list = ["hoge"; "foo"; "boo"; "hogehoge"]
# 1.0 :: 2.0 :: 3.0 :: 4.0 :: [];;
- : float list = [1.; 2.; 3.; 4.]
#
```

ここで，リストは，要素と :: と空のリスト [] によって構成されることがわかる。前に述べたように，リストの要素は同じ型でなければならない。もし，異なる型の値をひとまとめにして扱いたければ，組 (tuple) を使う。組は，要素を「,」で区切って並べる。

```
─ 組の定義 ─
# 1, 2.0, 'a', "x";;
- : int * float * char * string = (1, 2., 'a', "x")
# (1, 2.0, 'a', "x");;
- : int * float * char * string = (1, 2., 'a', "x")
#
```

2.3 複雑な型の利用

組の型は，`int * float * char * string` のように，各要素の型を `*` で組み合わせた形で表現される．組を記述するときには，ほかの構文とはっきり区別できるように「(」と「)」でくくっておくとよい．

2.3.2 パターンマッチング

リストや組のような構造を持つ値は，パターンマッチングを用いると容易に分解することができる．パターンマッチングは，「match 値 with パターン$_1$ -> 式$_1$ | パターン$_2$ -> 式$_2$ | ⋯ | パターン$_n$ -> 式$_n$」のように記述し，一致した「パターン$_i$」に対応した「式$_i$」が実行される．

```
─ パターンマッチング ─────────────────
# let lst = [1; 2; 3];;
val lst : int list = [1; 2; 3]
# let tuple = (1, 2);;
val tuple : int * int = (1, 2)
# match lst with
    [] -> 0
  | x::rest -> x;;
- : int = 1
# match tuple with
    (x, y) -> x + y;;
- : int = 3
#
```

上記の例は，リストと組のパターンマッチングを示している．リストでは，空リストのパターンを `[]` で表し，先頭要素 x と後続リスト rest からなるリストのパターンを「x::rest」で表している．x や rest のようなパターン中の変数は，どのような構造の値にもマッチし，対応する式の中で使用することができる．

組のパターンは，要素 x と y からなる組を「(x, y)」のように表す．リストと同様に，マッチした変数は，対応する式の中で使用することができる．

2.3.3 便利な高階関数

List モジュールの中には，リストを扱う便利な関数が定義されている．この

節では，本書を読む際に必要な，iter, map, fold_left の三つの関数を紹介する。モジュール内の関数は「モジュール名.関数名」のように使用する。

```
─ リストの繰返し関数 ─────────────────
# List.iter print_int [1; 2; 3];;
123- : unit = ()
# List.map (fun x -> x + 1) [1; 2; 3];;
- : int list = [2; 3; 4]
# List.fold_left (fun s x -> s + x) 0 [1; 2; 3];;
- : int = 6
#
```

iter と map は，二つの引数のうち，第1引数としてリストの要素に適用する関数をとり，第2引数としてリストをとる。iter は，第1引数として，返戻値を持たない関数をとり，単純にリストの要素に適用するので，iter 自身も返戻値を持たない（返戻値は () であるといってもよい）。例では，整数を印字する関数 print_int を個々の要素に適用して，123 の印字を行っている。

一方，map は，第1引数として，返戻値を持つ関数をとり，各要素に適用した結果をリストにして返す。例では，1 を足す関数を用いることによって，各要素が1増えたリストが得られていることがわかる。

iter や map がリストの各要素を個別に扱うのに対して，fold_left は，以前の要素に関数を適用した結果を，あとの要素の計算に反映させるために用いる。例えば，「fold_left f r $[e_0; e_1; \cdots; e_n]$」のような fold_left の適用は，つぎの計算を生じる。

$$f\ e_n\ (\cdots (f\ e_1\ (f\ e_0\ r)))$$

ここで，関数 f は，第1引数にリストの要素を取るだけでなく，第2引数として，直前の要素に f を適用した結果をとることに注意して欲しい。リストの先頭要素には，直前の要素はないので，直前の結果の代わりとして，fold_left の第2引数 r を用いる。上の例では，第1引数として，直前の結果に要素を足す関数を用いているので，すべての要素の合計が得られているのがわかる。

2.4 型の定義

2.4.1 レコード

複数の値をひとまとめにして扱う方法として，リストと組を紹介したが，複数の値を，それぞれにフィールド名という名前を付けて一つの値にしたレコード (record) も利用することができる。

レコードは，レコード型の宣言と，レコード値の生成の2段階で利用する。

```
┌─ レコード型の宣言 ─────────────────
│ # type r = {
│       name : string;
│       tel : int
│   };;
│ type r = { name : string; tel : int; }
│ #
└──────────────────────────────
```

型の宣言は，「type 型名 =」で始まる。= の右辺に，型のレイアウトを指定する。レコード型の場合は，{ と } の間に，フィールド名の宣言「フィールド名 : 型」を ; で区切って並べる。例では，string 型の name フィールドと，int 型の tel フィールドを持つ型 r を宣言している。

いったん，レコード型を宣言すると，「{ フィールド名$_1$ = 値$_1$; フィールド名$_2$ = 値$_2$; ⋯ フィールド名$_n$ = 値$_n$ }」のように，フィールドと値の対応を与えるだけで，レコードが生成され，一致する型が推論される。

```
┌─ レコードの生成 ─────────────────
│ # let x = { name = "Takimoto"; tel = 01234 };;
│ val x : r = {name = "Takimoto"; tel = 1234}
│ # x.name;;
│ - : string = "Takimoto"
│ # x.tel;;
│ - : int = 1234
│ #
└──────────────────────────────
```

この例は，レコードを生成し，その値で，変数 x を束縛した様子を示してい

る。レコードの各フィールドの値は，`x.name` や `x.tel` のように，レコードのあとに，「．フィールド名」を付けて取り出すことができる。

レコードのフィールドの値は，パターンマッチングを用いても取り出すことができる。レコードのパターンには，生成に用いたのと同じ記述が利用できる。ただし，取り出したい値の部分を変数にする。

```
┌─ レコードの生成 ─────────────────────────┐
│ # match x with                                  │
│     { name = n; tel= t } -> "The telephone number of " ^ n ^ " │
│  is " ^ (string_of_int t);;                     │
│ - : string = "The telephone number of Takimoto is 1234" │
│ #                                               │
└─────────────────────────────────────────┘
```

この例では，`name` フィールドと `tel` フィールドの値を取り出し，新しい文字列を生成している。

レコードをいったん生成すると，一部であっても変更することはできない。もし，一部だけ異なる新しいレコードを生成したい場合は，`with` のあとに異なる部分を記述することによって生成できる。

```
┌─ 一部異なるレコードの生成 ─────────────────┐
│ # let y = { x with name = "Munehiro" };;        │
│ val y : r = {name = "Munehiro"; tel = 1234}     │
│ # y.name;;                                      │
│ - : string = "Munehiro"                         │
│ # x.name;;                                      │
│ - : string = "Takimoto"                         │
│ #                                               │
└─────────────────────────────────────────┘
```

この例では，`name` フィールドが `"Munehiro"` の新しいレコードを生成している。一方で，`x` の `name` フィールドが変わっていないことに注意して欲しい。

フィールドの値を変更したいときには，レコード型の宣言に，`mutable` を付けて宣言する。

2.4 型の定義

```
 ─ 変更可能なレコード型の宣言 ──────────
  # type r' = {
      mutable name : string;
      mutable tel : int
    } ;;
  type r' = { mutable name : string; mutable tel : int; }
  #
```

変更可能なレコードの生成は，前述のレコードの生成と同じである．

```
 ─ 変更可能なレコードの生成 ──────────
  # let x' = { name = "Takimoto"; tel = 1234 };;
  val x' : r' = {name = "Takimoto"; tel = 1234}
  # x'.name <- "Munehiro";;
  - : unit = ()
  # x'.name;;
  - : string = "Munehiro"
  #
```

一方，フィールドの操作では，x'.name のように参照するだけでなく，「x'.name <- "Munehiro"」のように <- の右辺の値によって変更できる．

2.4.2 バリアント

個々の値のレイアウトを与え，その集合として定義する型を**バリアント**(variant) 型という．各値は，先頭が大文字の値構成子を用いて表す．

```
 ─ バリアント型 ──────────
  # type info = Non | Name of string | Tel of int ;;
  # Name "Takimoto";;
  - : info = Name "Takimoto"
  # let n = Name "Takimoto";;
  val n : info = Name "Takimoto"
  # let t = Tel 1234;;
  val t : info = Tel 1234
  # [ Non; n; t ];;
  - : info list = [Name "Takimoto"; Tel 1234; Non]
  #
```

型の定義は，レコード型の定義と同様に「type 型名 =」で始めて，値のレイアウトを，| で区切って列挙する。

値のレイアウトは，例の Non のように，値構成子だけで値を表すほかに，Name や Tel のように，値構成子に引数を付加して値を表す。値構成子の引数は，「値構成子 of 引数$_1$, 引数$_2$, ⋯, 引数$_n$」のように記述する。

いったん，バリアント型を定義すると，値構成子あるいは「値構成子 引数$_1$, 引数$_2$, ⋯, 引数$_n$」によって，バリアント型の値を生成できる。

ここで，Non，「Name "Takimoto"」，「Tel 1234」は，同じ info 型なので，同じリストの要素にすることができることに注意して欲しい。

異なるレイアウトを持つバリアント型の値は，パターンマッチングを用いて，パターンを特定し，引数を取り出すことができる。

―― バリアント型の値の扱い ――――――――――――
```
# let n = Name "Takimoto" ;;
# match n with
    Non -> "Non"
  | Name x -> x
  | Tel x -> string_of_int x ;;
- : string = "Takimoto"
#
```

この例に示したように，パターンは，バリアント型のすべての値がマッチするように記述しなければならない。パターンがつくされていないと，「this pattern-matching is not exhaustive」の警告が出るので注意が必要である。

2.5 そのほかの重要構文

2.5.1 let–rec–and と type–and

関数や型を定義するとき，あとで定義される関数や型を参照して，相互再帰にしたい場合がある。基本的に，let や type では，定義されていないものを使用することはできない。そこで，OCaml では，相互再帰を実現するために

let-rec-and と type-and の構文が用意されている。「let rec」や type の定義に続いて，あとから定義されるものは，「let rec」や type の代わりに and で始めて定義する。

```
┌─ let-rec-and と type-and ──────────────
│ # let rec f x = g x
│     and g y = f y;;
│ val f : 'a -> 'b = <fun>
│ val g : 'a -> 'b = <fun>
│ # type a = A of b
│     and b = B of a;;
│ type a = A of b
│ and b = B of a
│ #
└────────────────────────────────────────
```

and は，let や type のあとに複数用意することができる。

2.5.2 参　照　型

OCaml における，これまでの変数の扱いは，値に付ける名前であったが，手続き型プログラミング言語のように，記憶場所の名前として扱うこともできる。この記憶場所に相当するものを参照型という。参照型の値は，「ref 初期値」のように宣言する。

```
┌─ 参照型 ────────────────────────────────
│ # let x = ref 0;;
│ val x : int ref = {contents = 0}
│ # !x ;;
│ - : int = 0
│ # x := 3 ;;
│ - : unit = ()
│ # !x ;;
│ - : int = 3
│ #
└────────────────────────────────────────
```

参照型の値は，!x のように！を付けることで，格納されている値を取り出すことができる。格納されている値の変更は，「x := 3」のように，= ではなく，:= を用いて行う。

2.5.3 例　　外

OCamlの関数は，match-withによる複数のマッチング結果を生じる場合でも，すべて同じ型の値を返さなければならない．しかしながら，有用な結果が存在しなかったり，無効な結果を生じたりして，その後の処理に特別な配慮が必要な場合，記述が繁雑になる傾向がある．

単に，結果の有無をまとめて扱うだけであれば，option型という定義済みのバリアント型を利用することができる．option型では，結果 rlt が存在する場合，「Some rlt」で表し，結果がない場合，Noneで表す．option型は，Noneをすぐ処理できる場合には有効であるが，場合によっては，呼出し側の関数もoption型の値を返さなければならないかもしれない．

OCamlは，特別な処理を扱う，より洗練された方法として，**例外処理** (exception handling) を備えている．

```
─ 例　外 ──────────────────────
# exception Zero_div;;
exception Zero_div
# let div x y = if y != 0 then x / y else raise Zero_div;;
val div : int -> int -> int = <fun>
# try
     div 5 2
  with Zero_div -> -1;;
- : int = 2
# try
     div 5 0
  with Zero_div -> -1;;
- : int = -1
#
```

まず，例外を exception に続けて宣言する．例外は，バリアント型の値構成子と同様に，先頭が大文字の英字で始まる（例では，Zero_divを宣言している）．例外の送出は，「raise Zero_div」のように，raiseに続けて例外を指定する．いったんraiseが実行されると，実行が中断し，呼出し側に戻りながら，囲まれている「try … with」のwithのあとの例外指定をチェックする．

with のあとは，パターンマッチングと同様に記述できるので，複数の例外を扱うことができる．一致する例外指定が見つかると，-> のあとを評価し，「try … with」式の結果が得られたとして実行を再開する．この例のように，例外が送出されない場合は，「try … with」式の結果は，… の評価結果になる．例では，「div 5 2」の値 2 が，例外が送出されなかった場合の結果を示している．

2.6 インタプリタの作成

これまで説明した OCaml の知識を使って，簡単なプログラミング言語のインタプリタを記述してみよう．

つぎのような四則演算を記述するプログラミング言語を考える．

```
x = 1 + 2 * 3; y = x / 4; print (y)
```

この言語を**四則演算言語**と呼ぶことにする．四則演算言語は，値を生成する**式** (expression) と，値は生成せず，変数への代入や印字のような**副作用** (side effect) だけを生じる**文** (statement) からなる．

式で用いることができる演算子は，加算 (+)，減算 (-)，乗算 (*)，除算 (/) の四つである．文には，=の右辺の式の値を左辺の変数に代入する代入文や，「print (*exp*)」によって式 *exp* の値を印字するプリント文がある．

上記の例では，「1 + 2 * 3」，「x / 4」，および「print (x)」に現れる x が式である．また，「x = 1 + 2 * 3」，「y = x / 4」，「print (y)」が文であり，文が ; で組み合わさったものも文である．

2.6.1 プログラムの木表現

言語処理系の実現を初めて学ぶ読者には，このようなテキスト形式のプログラムを扱うのは容易ではないに違いない．実際，テキスト形式のプログラムが，プログラミング言語のどの言語要素から成り立っているのかを解析することは，本書の目的の一つである．そこで，同じ計算を，より扱いが容易な木表現で表

したプログラムを利用することにする．図 2.1 に

　　　x = 1 + 2 * 3; y = x / 4; print (y)

を木表現で表したものを示す．この木表現を構文木と呼ぶことにする．構文木の詳細は，4.8 節で述べる．

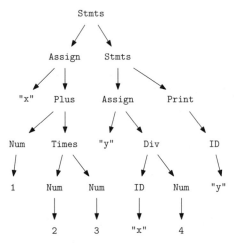

図 2.1　四則演算プログラムの構文木

Num と ID は，数字と変数を表しており，それぞれ，整数値と変数名を表す文字列を子に持つ．Plus, Minus, Times, Div はそれぞれ，オペランドの式を子に持つ+, -, *, /の2項演算である．Assign は，代入を表し，左の子と

```
type id = string
type op = Plus | Minus | Times | Div ;;
type stm = Stmts of stm * stm
         | Assign of id * exp
         | Print of exp
and exp = ID of id
        | Num of int
        | Plus of exp * exp
        | Minus of exp * exp
        | Times of exp * exp
        | Div of exp * exp
```

図 2.2　四則演算言語の構文木を表すバリアント型

2.6 インタプリタの作成

して代入先変数名を持ち，右の子として代入する式を持つ．Print は，子である式を印字するプリント文である．Stmts は，二つの文の並びを表す．Stmts を，右の子として繰り返し用いることによって，任意の文の並びを表現することができる．

構文木表現は，図 2.2 のようなバリアント型を用いて容易に実現できる．図 2.1 をバリアント型の値構成子で表すと図 2.3 のようになる．

```
let prog = Stmts (Assign ("x",Plus (Num 1,Times (Num 2,Num 3))),
           Stmts (Assign ("y",Div (ID "x",Num 4)), Print (ID "y")))
```

図 2.3　値構成子で記述したバリアント型のプログラム

2.6.2 環　　　境

構文木を解釈するインタプリタを作成してみよう．変数を扱うインタプリタは，メモリの代わりをする**環境** (environment) という表が必要である．環境は，図 2.4 のように，OCaml の関数を用いて簡単に記述できる．

```
exception No_such_symbol
let e0 = fun _ -> raise No_such_symbol
let update var vl env = fun v -> if v = var then vl else env v
```

図 2.4　環境の実現

環境は，変数名の文字列に適用すると，登録した値を返す関数である．e0 は，初期の環境を表している．e0 にはなにも登録されていないので，変数名に適用しても，No_such_symbol という例外を発生するだけである．

変数 var と対応する値 vl を登録するためには，update var vl env を用いて新しい環境を生成する．update が環境として返す関数を見ると，登録した変数と値が使われているのがわかる．この関数は，あとからとる引数 v が，var と一致しているなら対応する vl を返し，一致していないなら，元の環境 env を v に適用して，以前の登録を調べる．

2.6.3 意味関数

環境を用いて，構文木の振舞いを定義する意味関数を記述する。意味関数は，図 2.5 のようにバリアント型ごとに用意し，異なる型の木に対しては，対応する意味関数を呼ぶようにする。

```
let rec trans_stmt ast env =
    match ast with
       Stmts (s1,s2) -> let env' = trans_stmt s1 env in
                                   trans_stmt s2 env'
     | Assign (var,e) -> let v1 = trans_exp e env in
                                  update var v1 env
     | Print e -> let v1 = trans_exp e env in
                        (print_int v1; print_string "\n"; env)
and trans_exp ast env =
    match ast with
       ID v -> env v
     | Num n -> n
     | Plus (e1,e2) -> let v11 = trans_exp e1 env in
                       let v12 = trans_exp e2 env in
                       v11 + v12
     | Minus (e1,e2) -> let v11 = trans_exp e1 env in
                        let v12 = trans_exp e2 env in
                        v11 - v12
     | Times (e1,e2) -> let v11 = trans_exp e1 env in
                        let v12 = trans_exp e2 env in
                        v11 * v12
     | Div (e1,e2) -> let v11 = trans_exp e1 env in
                      let v12 = trans_exp e2 env in
                      v11 / v12
```

図 2.5　意味関数の記述

意味関数は，文を解釈する `trans_stmt` と，式を解釈する `trans_exp` を用意する。「`trans_stmt` *ast env*」は，環境 *env* によって，文の構文木 *ast* を解釈し，新しい環境を返す。一方，「`trans_exp` *ast env*」は，*env* によって，式の構文木 *ast* を解釈し，計算結果を返す。

`trans_stmt` は，*ast* を，そのパターンによって，つぎのように解釈する。「Stmts (*s1,s2*)」の場合は，*s1* と *s2* を `trans_stmt` によって順に解釈し，文の並びを実現する。このとき，*s1* の解釈の結果得られた環境を *s2* の解釈で利

用することによって，代入の効果をうしろに伝播させる．返戻値は，s2 の解釈
の結果得られた環境である．

「Assign (*var*,*e*)」の場合は，まず，trans_exp を *e* に適用して値を計算す
る．つぎに，得られた値 *val*，および *var* と *env* に update を適用して，新し
い環境を生成する．返戻値は，得られた新しい環境である．

「Print *e*」の場合は，trans_exp を *e* に適用して値を計算したあと，その
値を印字する．返戻値は，元の環境をそのまま用いる．

trans_exp は，*env* で得られる変数値によって *ast* を計算する．*ast* が「ID
v」なら，環境 *env* を *v* に適用して対応する値を返す．また，「NUM *n*」の場合
は単に *n* を返す．*ast* が，Plus, Minus, Times, Div のいずれかであった場合
は，まず，引数の *e1* と *e2* を trans_exp で解釈し，得られた値をオペランド
として，対応する計算を行う．返戻値は，結果として得られた値である．

2.6.4 インタプリタの完成

図 2.3 で示した四則演算プログラム prog は，stmt 型なので，初期の環境 e0
とともに，trans_stmt prog e0 のように実行する．このとき，環境は常に *e0*
なので，環境を引数から除いた関数 interp を定義しておこう．

```
let interp ast = trans_stmt ast e0
```

interp を図 2.3 の prog に適用した結果は，つぎのとおりである．

---- インタプリタの実行 ----
```
interp prog;; ⏎
1
- : id -> int = <fun>
#
```

最後に，インタプリタのプログラムをファイル interp.ml にまとめたもの
を図 **2.6** に示す．

```
(* File interp.ml *)
type id = string
type op = Plus | Minus | Times | Div
type stm = Stmts of stm * stm
         | Assign of id * exp
         | Print of exp
and exp = ID of id
        | Num of int
        | Plus of exp * exp
        | Minus of exp * exp
        | Times of exp * exp
        | Div of exp * exp

exception No_such_symbol
let e0 = fun _ -> raise No_such_symbol
let update var vl env = fun v -> if v = var then vl else env v

let rec trans_stmt ast env =
    match ast with
      Stmts (s1,s2) -> let env' = trans_stmt s1 env in
                                  trans_stmt s2 env'
    | Assign (var,e) -> let vl = trans_exp e env in
                                  update var vl env
    | Print e -> let vl = trans_exp e env in
                      (print_int vl; print_string "\n"; env)
and trans_exp ast env =
    match ast with
       ID v -> env v
     | Num n -> n
     | Plus (e1,e2) -> let vl1 = trans_exp e1 env in
                         let vl2 = trans_exp e2 env in
                           vl1 + vl2
     | Minus (e1,e2) -> let vl1 = trans_exp e1 env in
                          let vl2 = trans_exp e2 env in
                            vl1 - vl2
     | Times (e1,e2) -> let vl1 = trans_exp e1 env in
                          let vl2 = trans_exp e2 env in
                            vl1 * vl2
     | Div (e1,e2) -> let vl1 = trans_exp e1 env in
                        let vl2 = trans_exp e2 env in
                          vl1 / vl2


let prog = Stmts (Assign ("x",Plus (Num 1,Times (Num 2,Num 3))),
            Stmts (Assign ("y",Div (ID "x",Num 4)), Print (ID "y")))

let interp ast = trans_stmt ast e0
```

図 2.6 インタプリタのプログラム (interp.ml)

3章 字句解析

◆本章のテーマ

プログラムは，コンパイラにとって単なる文字の並びにすぎない。この文字の並びを，単語に相当する塊に分割していく作業を，字句解析 (lexical analysis) といい，字句解析を行うフェーズを字句解析器 (lexical analyzer または lexer) という。

本章では，字句解析器を自動生成するための理論を説明し，字句解析器を自動生成するツールを用いた字句解析器の実現法を示す。

◆本章の構成（キーワード）

3.1 字句解析の概観
3.2 トークンの指定
　　　正規表現，Lex のトークン指定
3.3 有限オートマトンによる実現
　　　有限オートマトン，DFA とその利用，正規表現から NFA への変換，NFA から DFA への変換，状態の最小化
3.4 Lex を用いた字句解析器の実現
3.5 Simple コンパイラの字句解析器

◆本章を学ぶと以下の内容をマスターできます

- ☞ トークンと属性
- ☞ 正規表現と正規表現を用いたトークンの指定法
- ☞ 正規表現から NFA の生成法
- ☞ NFA の DFA への変換法
- ☞ OCamllex の使用法

3.1 字句解析の概観

字句解析では，文字の並びを単語に相当する意味のある単位に分割する。この単位を**字句** (lexeme) と呼ぶ。例えば，図 3.1 に示す C 言語のプログラムを字句に分割すると，int, rate, x, y, if, else, printf, return, float のような名前に相当するものや，0, -1, 100, "zero division\n" のような，**定数リテラル**と呼ばれる定数の表現，==, -, /, * のような演算子のほかに，(,), {, }, ,, ; のようなくくり記号や区切り記号が一つの字句になる。このとき，空白やコメントは無視する。

```
int rate (int x, int y) {
    if (y == 0) { printf("zero division\n"); return -1; }
    else return (float) x / y * 100;
}
```

図 3.1　C 言語のサンプルプログラム

いったん字句が見つかると，字句解析器はあとの構文解析で区別が必要な程度に種類分けをする。この字句の種類を**トークン** (token) という。例えば，図 3.1 の rate, x, y は，ユーザが付ける名前であり，構文のパターンを調べる構文解析では，特に区別する必要がない。そこで，これら任意の名前を，**識別子** (identifier) というトークンとして，ひとまとめにして扱う。同様に，0, -1, 100 も区別せず，整数値というトークンとしてひとまとめにする。int, float, if, else, return は，プログラミング言語によって特定の意味に予約されていることから，**予約語** (keyword) と呼ばれる。異なる予約語は，異なるトークンとして扱う。

識別子を ID, 整数値を NUM, 実数値を REAL,「 (」と「) 」を LP と RP,「 { 」と「 } 」を LB と RB というようにトークンを記号で表現すると，図 3.1 に対する字句解析の結果は，つぎのトークン列になる。

```
INT ID("rate") LP INT ID("x") COMMA INT ID("y") RP LB IF LP
ID EQ NUM(0) LB ID("printf") LP STR("zero division\n")
```

```
SEMI RETURN MINUS NUM(1) SEMI RB ELSE RETURN LP FLOAT RP
ID("x") DIV ID("y") MUL NUM(100) SEMI RB
```

識別子や整数値の具体的な文字列や値は，構文解析の段階では不要であるが，そのあとの意味を解釈する段階では必要になる．そこで，トークン列の ID("rate")，NUM("0")，STR("zero division\n") のように，具体的な内容を付属させておく．これを **属性**（attribute）と呼ぶ．

図 **3.2** に示すように，字句解析器は，構文解析器によって呼び出される関数として実現されることが多く，トークンが必要になるたびに呼び出され，そのたびごとに，一つのトークンを返す．

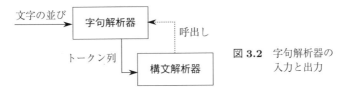

図 **3.2** 字句解析器の入力と出力

属性を持つトークンは，バリアント型を使ってつぎのように宣言できる．

OCaml を用いたトークンの宣言

```
type token = ID of string | NUM of int | IF | ...
```

3.2 トークンの指定

字句解析を行うためには，字句として受け付ける文字の並びを定義しなければならない．例えば，C 言語の識別子は，「アンダースコアか英字で始まるアンダースコアを含む英数字」と定義されている．この程度であれば，日本語で定義することもできるが，並びのパターンが複雑になると，言葉で曖昧なく定義するのは難しくなる．例えば，C 言語の浮動小数点数は，0.1 を .1 と記述したり，1.0 を 1. と記述したりできる．また，3.14 を 314e-2 や 3.14F のように記述することもできる．このような複雑なパターンを定義するためには，**正規表現**（regular expression）のような形式言語を用いるのが便利である．

3.2.1 正規表現

正規表現は，**記号** (symbol) の並び (**記号列**と呼ぶ) からなる**言語** (language) を定義する形式言語である．言語に出現する記号集合は，**アルファベット** (alphabet) と呼ばれる．正規表現は，つぎの表記法を用いて，無限の記号列のパターンを有限の記述によって指定することができる．

記号 (a) 　　アルファベット中の記号 a について，a 自身の出現を表す．

空記号 (ϵ) 　　ϵ は，いかなる記号も出現しないことを表す．

選択 ($M|N$) 　　正規表現 M と N が与えられたとき，M の記号列か N の記号列のいずれかの出現を表す．

連接 ($M \cdot N$) 　　正規表現 M と N が与えられたとき，M の記号列の出現に続いて N の記号列が出現することを表す．

反復 (M^*) 　　正規表現 M が与えられたとき，M の記号列が 0 個以上連接することを表す．

選択，連接，反復は，反復 > 連接 > 選択の順で結合力が強いので，注意が必要である．必要に応じて，括弧 (「(」，「)」) でくくるとよい．例えば，2 進法による奇数 $\{1, 11, 101, 111, 1001, ...\}$ は，アルファベットを $\{0, 1\}$ として，つぎの正規表現で定義できる．

$$(\epsilon \mid 1 \cdot (0 \mid 1)^*) \cdot 1$$

また，a, b, c からなる不定冠詞付きの単語 $\{an\_a, an\_aa, an\_ab, a\_b, a\_ba, ...\}$ は，アルファベットを $\{a, b, c, n, \_\}$ として，つぎのように定義できる．

$$a \cdot ((n \cdot \_ \cdot a) \mid \_ \cdot (b \mid c)) \cdot (a \mid b \mid c)^*$$

ここでは，空白を明示するために ␣ を用いたが，空白は一つの記号であり，ϵ とは異なるので，混同してはいけない．

正規表現を用いれば，ASCII 文字の一部をアルファベットとすることで，プログラミング言語のトークンに対応する字句も定義することができる．しかし

ながら，基本的な正規表現の表記法は単純すぎて，プログラミング言語の字句を定義するには，記述が煩雑になる．そこで，いくつかの略記法を導入する．まず，連接の $\cdot$ や ϵ は省略してよいものとする．例えば，前述の 2 進法による奇数は「$(\mid 1(0 \mid 1)^*)1$」のように記述してよい．

また，「$(a \mid b \mid c \mid d)$」は，「[abcd]」と略記できるものとし，連続する記号は，途中を「$-$」によって省略してよいものとする．例えば，「[abcd]」と「[1234]」は，「[a $-$ d]」と「[1 $-$ 4]」のように略記する．さらに，「$M?$」は，M の記号列があるかないかを意味し，「$(M \mid \epsilon)$」の略記であるとする．また，「M^+」は，M の記号が一つ以上連接したものを意味し，「$M \cdot M^*$」の略記である．

3.2.2 Lex のトークン指定

正規表現は，トークンの字句を正確に指定できるので，字句解析器生成系の入力として用いられることが多い．図 **3.3** に，OCamllex という字句解析器生成系で使われる正規表現表記をまとめておく．前述の略記法以外にも，独自の記法が加わっているので注意して欲しい．

`'a'`	文字 a 自身（OCaml の文字定数と同じ）
$M \mid N$	正規表現 M の文字列か正規表現 N の文字列のいずれか
`"abc"`	" " 内の文字の連接（OCaml の文字列定数と同じ） `'a''b''c'` と同じ
`['a''b''c''A'-'C']`	[ ] 内に指定した文字集合のいずれか 1 文字 （ここでは，a から c までの小文字か大文字）
$M?$	正規表現 M の文字列が出現するかしないか
$M*$	正規表現 M の文字列が 0 個以上並んだもの
$M+$	正規表現 M の文字列が 1 個以上並んだもの
(M)	正規表現 M の文字列
`[^ 'a''b''c''A'-'C']`	[ ] 内^ 以降に指定した文字集合を除いた 1 文字
`['a'-'g']#['c''e']`	# の左辺の文字集合から右辺の文字集合を除いた 1 文字 （ここでは，a から g のうち c と e を除いた 1 文字）
`eof`	ファイルの終端
`_`	任意の 1 文字

図 3.3　OCamllex で使用できる正規表現表記

〔1〕**OCamllex の記述**　OCamllex で正規表現を記述した例を，図 **3.4** に示す．OCamllex は，「`rule token = parse`」と記述すると，`token` が，生

```
rule token = parse
    "if"                                                    { IF }
  | ['a'-'z']['a'-'z''0'-'9']*                              { ID }
  | ['0'-'9']+                                              { NUM }
  | (['0'-'9']+"."['0'-'9']*) | (['0'-'9']*"."['0'-'9']+)   { REAL }
  | (" " | "\n" | "\t")+                                    { token lexbuf }
  | _                                                       { error(); token lexbuf }
```

図 3.4　OCamllex の正規表現記述

成される字句解析器の関数名になる．各トークンの記述は，「|」で区切って並べ，左端に字句を定義する正規表現を記述し，右端に入力文字列が正規表現にマッチした際に実行するべき**動作** (action) を記述する．動作は，「{」と「}」でくくって OCaml で記述する．

　字句解析器は，関数として構文解析器から呼び出され，入力文字列にマッチする正規表現記述を一つ見つけると，対応する動作を実行する．基本的に，動作の計算結果が，字句解析関数の返戻値になる．図 3.4 では，上から四つまでの正規表現にマッチした場合は，対応するトークンとしてバリアント型の値構成子を返すのがわかる．もし，見つかったトークンを読みとばしたい場合は，下から 1，2 行目の動作に示すように，字句解析関数 (token) を再帰呼出しする．図 3.4 では，字句に含まれない文字やホワイトスペース（空白，改行，タブ）を読みとばしている．字句解析器は，すべての入力に対して振舞いを定義していなければならない．そこで，最後の行に，任意の文字列にマッチする「_」を記述しておく．この行にマッチした場合は，意味のある字句ではなかったことを意味しているので，単にエラーを通知し，読みとばせばよい．

〔**2**〕**優先規則と最長一致**　　図 3.4 の正規表現をよく見ると，if の入力に対して，トークン IF だけでなく，トークン ID の正規表現にもマッチすることがわかる．すなわち，予約語と識別子を区別することができない．また，入力 if123 に対してはどうだろう．やはり，トークン IF とトークン NUM なのか，一つのトークン ID なのか区別できない．

　OCamllex は，これらの曖昧さを，つぎの二つの規則を用いて解決する．

① **優先規則**：先に記述されている正規表現に優先してマッチする。
② **最長一致**：最も長い入力にマッチした正規表現を採用する。

すなわち，入力 if については，優先規則によって IF にマッチし，入力 if123 については，最長一致によって，一つの ID としてマッチすることになる。

3.3 有限オートマトンによる実現

正規表現を使うと，曖昧なくトークンの字句を指定することができることを述べた。それでは，指定した字句を認識する字句解析のプログラムは，どのように実現すればよいであろうか。字句の認識は，**有限オートマトン** (finite automaton) を利用して実現できることが知られており，正規表現を基に，その字句を認識する有限オートマトンを自動生成することができる。

この節では，有限オートマトンの定義と利用法を説明したあと，正規表現と有限オートマトンの関係を明らかにする。最終的に，正規表現から有限オートマトンを生成する一連の方法を示す。

3.3.1 有限オートマトン

有限オートマトンは，**状態** (state) と呼ばれる節点の集合と，状態と状態をつなぐ有向辺の集合からなる。また，各辺には，ラベルと呼ばれる記号が付されている。状態の中には，特別な状態として，一つの**開始状態** (start state) と一つ以上の**受理状態** (accept state) が存在する。有限オートマトンの中で，開始状態は，ラベルを持たない辺の指し先として表され，受理状態は，2重線の節点として表される。

有限オートマトンは，開始状態を初期状態として，記号の入力があるたびに，一致するラベルを持つ辺をたどってつぎの状態へ移る。この振舞いを状態の**遷移** (transition) と呼ぶ。

有限オートマトンは，n 個の記号からなる入力記号によって n 回遷移を繰り返し，最終的に受理状態にいれば，一連の入力記号列を**受理**する。一方，遷移

の過程で，入力記号に対する遷移先が存在しなかったり，n 回の遷移後に，受理状態になければ，その入力記号列を**拒否** (reject) する．オートマトンによって受理される記号列の集合を，そのオートマトンの**言語** (language) と呼ぶ．

有限オートマトンには，遷移先が一意に決まらない**非決定性** (non–deterministic) 有限オートマトン（以下，NFA と呼ぶ）と，入力に対して遷移先が一意に決まる**決定性** (deterministic) 有限オートマトン（以下，DFA と呼ぶ）がある．DFA は，プログラムとして実現するのが容易であり，一方，NFA は，正規表現を基に生成しやすいという特徴を持つ．最終的に，NFA から DFA への変換法を導入することによって，正規表現から字句解析器を自動的に生成できるようになる．

3.3.2 DFA とその利用

〔1〕 優先規則の扱い　　DFA の例を，図 **3.5** に示す．各 DFA は，図 3.4

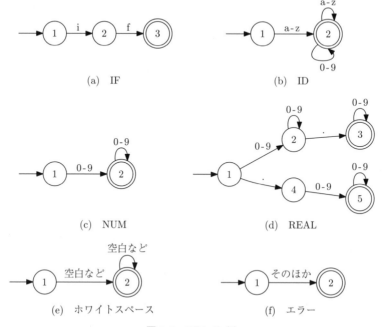

図 **3.5** DFA の例

に示した各トークンの字句を認識する．DFA に現れる図 3.6(a) のような複数選択は，繁雑さを避けるために，図 (b) のように略記している．

図 3.6　複数選択とその略記

実際は，図 3.5 のいずれか一つのトークンが認識されなければならないので，すべての DFA を組み合わせた一つの DFA になっている必要がある．図 3.7 に，図 3.5 のオートマトンをまとめて，一つの DFA にしたものを示す．

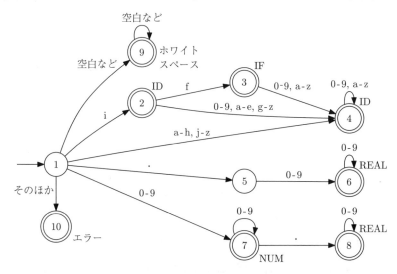

図 3.7　複数トークンを認識するオートマトン

図 3.7 のオートマトンの構造に示すように，図 3.5 の各オートマトンの開始状態を一つにすればよいというわけではない．例えば，ID のオートマトンの一部として IF のオートマトンが現れており，`if` の入力に対して，ID と区別されるようになっている．同様に，NUM も REAL のオートマトンの中で区別される．このような構造は，NFA から DFA へ変換する際に，優先規則を反映することによって得られる．詳しくは後述する．

〔2〕 **最長一致の扱い** 最長一致は，最近遷移した受理状態を覚えておくことによって実現する．図 3.7 の DFA が与えられたとして，入力「if1.2$」が，最長一致によってどのように認識されるか示そう．

表 3.1 は，入力文字列によってオートマトンを遷移し，遷移先がなくなった時点で，最近受理した字句をトークンとする過程を示している．「▲」は，入力位置を表している．

表 3.1 if1.2 の字句解析

処理済	受理済	入力文字列	動作
		▲i f 1 . 2 $	開始状態
		i▲f 1 . 2 $	状態 2 へ遷移（ID の受理）
	i	f▲1 . 2 $	状態 3 へ遷移（IF の受理）
	if	1▲. 2 $	状態 4 へ遷移（ID の受理）
	if1	.▲4 5 $	遷移先なし，トークン (ID) 発見
if1		▲. 2 $	開始状態
if1		.▲2 $	状態 5 へ遷移
if1		. 2▲$	状態 6 への遷移（REAL の受理）
if1	.2	$▲	遷移先なし，トークン (REAL) 発見

いったん，トークンの字句が見つかると，最近受理された時点に入力を戻す．そして，つぎのトークンの認識は，また開始状態から始めることに注意して欲しい．

最終的に，if1.2 は，if1 という ID と .2 という REAL として認識されることがわかる．

〔3〕 **DFA の実現** DFA が得られれば，プログラムにするのは容易である．DFA は，状態番号を行，ASCII 文字を列とする，遷移先状態の 2 次元配列として実現できる．つぎのコードは，図 3.7 で示した DFA の一部を，OCaml の配列 transD として記述している．要素 0 は，遷移が存在しないことを表している．

```
let transD = [| (* ...   'f' 'g' 'h' 'i' ... '1' '2' '3' ... *)
         (*0*) [| ...  0;  0;  0;  0; ...  0;  0;  0; ... |];
         (*1*) [| ...  4;  4;  4;  2; ...  7;  7;  7; ... |];
         (*2*) [| ...  3;  4;  4;  4; ...  4;  4;  4; ... |];
                              ...
        (*10*) [| ...  0;  0;  0;  0; ...  0;  0;  0; ... |] |]
```

現在の状態を current，入力を c とすると，つぎに遷移すべき状態は「transD.(current).(c)」で得られることがわかる．

3.3.3 正規表現から NFA への変換

NFA は，つぎの二つの特徴を持つオートマトンである．
① 一つの状態から，同じラベルを持つ複数の辺が出ていてもよい．
② 入力なしで遷移可能な ϵ ラベルを持つ辺があってもよい．

例えば，図 3.8 の NFA を考えてみよう．この NFA は，開始状態から右上へ続く部分で，一つ以上の a の並びを受理し，右下に続く部分で，abc の並びを受理する．

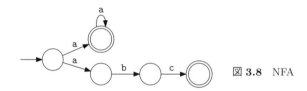

図 3.8 NFA

開始状態に注目すると，ラベル a の辺が 2 本出ており，入力 a に対して，どちらに遷移すべきか推測しなければならない．

また，図 3.9 の例は，同じ一つ以上の a と abc の並びを受理するオートマトンであるが．ϵ による遷移を含んでいる．

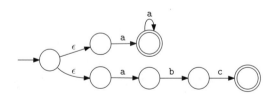

図 3.9 ϵ による遷移を含む NFA

ϵ ラベルを含む場合，入力をとらずに，ϵ の辺をたどって遷移してもよいし，入力をとって，ϵ で遷移できる状態の先に遷移してもよい．

NFA の性質を利用すると，正規表現の基本表記に対応する NFA のパターン

を，1対1対応で組み合わせることによって，正規表現全体に対応するNFAを作成することができる。

図3.10に，正規表現の基本表記とNFAの対応を示す。M や N は，副表現として，正規表現が許されることを表しており，対応するNFAの副構造を図3.11のように表す。

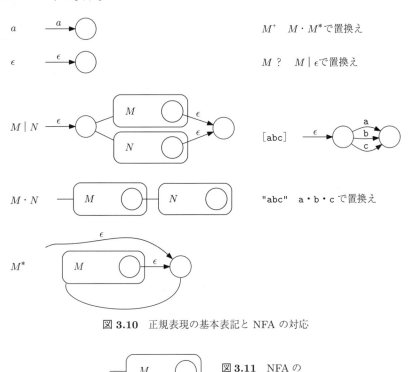

図3.10　正規表現の基本表記とNFAの対応

図3.11　NFAの副構造

左からきている辺は，**末尾部**(tail)といい，M のオートマトンへ遷移する入口を表している。また，内部にある丸は，**頭部**(head)といい，オートマトンの最後の状態を表している。すなわち，図3.10は，副構造を再帰的に当てはめていくことによって，NFAを構成できることを表しており，構成されるNFAは，必ず，唯一の頭部と末尾部を持つことを表している。

図3.4の IF, ID, NUM, および「エラー」の正規表現から作成したNFAを

図 3.12 に示す．NFA では，個々の正規表現に対して生成した NFA を，図のように開始節に接続するだけで，容易に一つの NFA にすることができる．

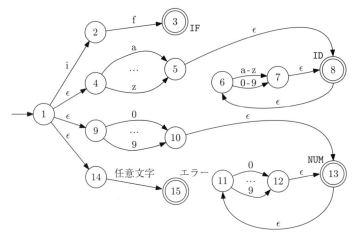

図 3.12　IF, ID, NUM, およびエラーの NFA

3.3.4　NFA から DFA への変換

〔1〕 **NFA のシミュレーション**　　NFA では，一つの入力によって遷移する状態の候補が，複数ある可能性がある．例えば，図 3.12 の初期状態では，開始状態 1 ばかりでなく，入力なしで遷移できる，状態 4, 9, 14 も含めて遷移先を選択しなければならない．さらに，i の入力があったとすると，遷移先は，1, 4, 9, 14 の各状態から i で遷移できる状態に ϵ で遷移できる状態を加えた状態 2, 5, 6, 8, 15 のいずれかである可能性がある．このような複数の可能性から，一つの状態を正確に予測するシステムを実現するのは簡単ではない．

そこで，一つの状態を選択するのではなく，可能性のある状態を，状態集合としてすべて覚えておくことによって NFA をシミュレートすることを考える．すなわち，入力があるたびに，遷移する可能性のある状態集合を作成し，その中に受理状態が含まれているかどうか調べるのである．

NFA のシミュレーションを定義するために，つぎの二つの状態集合を定義する．

- $edge(s,c)$：状態 s からラベル c の辺を 1 回だけたどって到達できる状態集合．
- $closure(S)$：状態集合 S に，S 中の各状態から ϵ の辺だけを何回かたどって到達できる状態集合を加えた状態集合．S の ϵ 閉包 (ϵ–closure) と呼ぶ．

OCaml 風に記述するとつぎのようになる．

```
let closure(S) =
    let T = ⋃ edge(s,ϵ) in
          s∈S
        if S = T then T else closure(T)
```

$edge$ と $closure$ を用いると，状態集合 d から入力 c によって遷移可能な状態集合 $DFAedge(d,c)$ をつぎのように定義できる．

$$DFAedge(d,c) = \bigcup_{s \in d} closure(edge(s,c))$$

すなわち，NFA のシミュレーションアルゴリズムは，開始状態を s，入力を $c_1 \cdots c_k$ として，つぎのようになる．

```
let d = closure({ s })
for c = c₁ to cₖ do
    d := DFAedge(d,c)
done
```

〔2〕 **変換アルゴリズム**　　NFA のシミュレーションは，入力を得るたびに状態集合を作成しなければならないので効率が悪い．そこで，アルファベット中の入力 $c \in \Sigma$ について，各状態集合 d_i の遷移先状態集合「$d_j = DFAedge(d_i,c)$」を先に計算しておくと効率的である．このとき，d_i から d_j への状態遷移は，ラベル c を持つ辺で表現できる．

図 3.13 は，図 3.12 の「$d_1 = closure(\{\mathbf{s}\})$」から始めて，各状態集合 d_i の $c \in \Sigma$ による遷移先 $DFAedge(d_i,c)$ を計算した結果を示している．灰色で示した状態集合は，受理状態を含んでいることを示す．ここで，同じ状態集合は複数作成せず，一つを共有していることに注意して欲しい．図 3.13 は，各状態集合を一つの状態とみなし，灰色の状態集合を受理状態とみなすと，DFA になっているのがわかる．すなわち，NFA のシミュレーションの効率化は，DFA への変換アルゴリズムを与える．

3.3 有限オートマトンによる実現

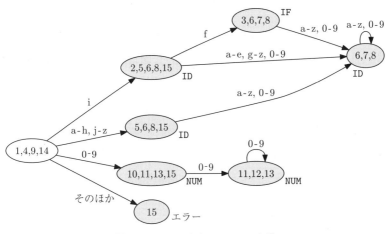

図 3.13 NFA から DFA への変換

図 3.14 に，NFA から DFA への変換アルゴリズムを示す．変換アルゴリズムでは，作成した状態集合を，添え字の小さい順に，配列 states に記録する．この添え字は，DFA の状態番号として用いる．$states.(0)$, $states.(1)$ は，それぞれ，空集合と開始状態の ϵ 閉包としてはじめに作成しておく．

```
states.(0) <- {}; states.(1) <- closure({ s })
let p = 1 and j = 0 in
   while j ≦ p do
      for c ∈ Σ do
         let e = DFAedge(states.(j),c) in
            if e = states.(i) のような p 以下の i が存在する then
               trans.(j).(c) <- i
            else p := p + 1;
               states.(p) <- e;
               trans.(j).(c) <- p
      done;
      j := j + 1
   done
```

図 3.14 NFA から DFA への変換

一番最後に作成した状態集合の添え字は，変数 p に記録しているので，変数 $j(\leqq p)$ を添え字として，作成済みの $states.(j)$ を小さい順に参照して，新しい遷移先状態集合 e を作成していく．このとき，e と同じ状態集合 $states.(i)$（変

数 $i \leq p$) がすでに存在するなら，新しく状態集合を作成せずに，i を j からの遷移先として，$trans.(j).(c)$ に記録する．もし，同じ状態集合がなければ，p を 1 増やして，新しい状態集合を $states.(p)$ に記録する．この場合，j からの遷移先は，p になるので，$trans.(j).(c)$ を p とする．

最終的に，新しい状態集合が作られず，$j > p$ になると，図 3.7 で示したような DFA が，配列 $trans$ として得られる．

作成された DFA では，NFA の受理状態を含むものが受理状態となる．もし，複数の受理状態が含まれているなら，最も優先順位の高いトークンを受理したものとみなす．これは，優先順位規則の実現にほかならないことに注意して欲しい．

3.3.5 状態の最小化

DFA の状態は，NFA の状態のべき集合の部分集合になるので，状態数が大きくなる可能性がある．状態数の増加は，表を大きくするので，状態の最小化が重要である．

DFA の状態 s_1 と s_2 が両方とも受理状態か，受理状態でないかのいずれかであったとき，すべての入力 c について，「$trans.(s_1).(c) = trans.(s_2).(c)$」であり，同じ状態に遷移するなら，$s_1$ と s_2 から始まる DFA は，同じ記号列を受理する．このとき，s_2 を指している辺を，s_1 を指すように付け替え，s_2 を削除することによって，s_1 と s_2 を一つの状態に併合することができる．

この併合を行えるだけ行う状態の最小化法を，方法 1 としよう．図 3.13 では，方法 1 によって，$\{5,6,8,15\}$ と $\{6,7,8\}$，$\{10,11,13,15\}$ と $\{11,12,13\}$ の状態を，それぞれ併合することができる．図 3.15 に，併合した結果を示す．

一方，図 3.16 の例では，明らかに状態 2 と 4，3 と 5 が併合できるにも関わらず，方法 1 によって併合することはできない．

このような例を含め，すべての場合に状態を最小化するためには，楽観的に併合しておいて，条件を満たさないグループを，条件を満たす副グループに分割する方法が有効である．この分割を行えるだけ行う状態の最小化法を方法 2

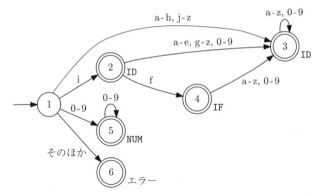

図 **3.15** DFA の状態最小化

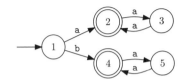

図 **3.16** 単純に状態を最小化できない例

とする。

方法 2 の手順はつぎのようになる。

初期状態：受理状態の集合 G_1 と非受理状態の集合 G_2 にグループ化する。

① 各グループ G_i について，入力 a によって異なるグループに遷移するとき，遷移先が同じ状態の要素が同じ副グループになるように分割する。

② 分割されたグループが存在すれば，①に戻る。

③ 各グループを併合して，それぞれを一つの状態にする。

方法 2 を図 3.16 に適用すると，**図 3.17** のように最小化することができる。

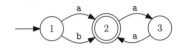

図 **3.17** 図 3.16 の状態を最小化した結果

3.4　Lex を用いた字句解析器の実現

正規表現が与えられると，対応する DFA を作成するのは，機械的な作業で

ある。**字句解析器生成系** (lexical analyzer generator) は，この一連の作業を自動的に行って，字句解析器を生成する。

字句解析器生成系としてよく利用されるツールに Lex がある。初期の Lex は，正規表現から C 言語で記述された字句解析器を生成するものであったが，現在では，多くの言語向けに，その言語で記述された字句解析器を生成する Lex が存在する。OCamllex は，OCaml で記述された字句解析器を生成する字句解析器生成系である。

OCamllex を用いた字句解析器の作成手順は図 3.18 のようになる。

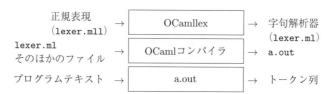

図 3.18　字句解析器の作成手順

正規表現を含む OCamllex の記述は，拡張子を `mll` とした Lex ファイルに記述する。Lex ファイルを `lexer.mll` とすると，つぎのようにコマンド `ocamllex` を実行すると，字句解析器プログラム `lexer.ml` が得られる。

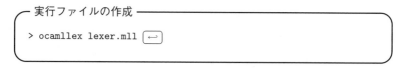

得られた `lexer.ml` は，ほかの必要なファイルとともに OCaml コンパイラでコンパイルすると，プログラムテキストからトークン列を生成する字句解析器を含む実行ファイル (`a.out`) が得られる。

OCamllex の記述の概観を図 3.19 に示す。頭部と末尾部は，任意の OCaml のコードを記述する。それぞれは，生成ファイルの先頭と終りにコピーされる。頭部には，動作で共通に用いる宣言や関数を記述する。末尾部は，字句解析器を呼び出すコードを記述する。いずれも省略することができる。

3.4 Lex を用いた字句解析器の実現

```
{ 頭部 }
let ident = regexp
...
rule entrypoint =
    parse regexp { 動作 }
        | ...
        | regexp { 動作 }
and  entrypoint =
    parse ...
and ...
{ 末尾部 }
```

図 **3.19** OCamllex の記述

正規表現の記述は,「rule *entrypoint* = parse」から始まる。*entrypoint* は,字句解析器の関数名になる。複数の字句解析器を使い分けたければ,*entrypoint* を,and によって複数定義する。parse は,最長一致によって正規表現が選ばれることを意味しており,shortest と記述することによって最短一致にすることもできる。

regexp の部分には,図 3.4 で示したような正規表現を記述する。複数の正規表現は,「|」によって区切って並べる。複数の正規表現に現れる部分正規表現は,上に,「let *ident=regexp*」のように,名前 *ident* を付けておくことによって,各正規表現中に名前で指定することができる。

各正規表現の右端には,対応する**動作**を OCaml で記述する。正規表現がマッチすると,対応する動作が実行される。

動作では,「*entrypoint* lexbuf」によって,現在の字句解析器を再帰的に呼び出したり,ほかの字句解析器を呼び出したりできる。現在マッチした文字列は,「*regexp* as *ident*」のように記述しておくことで,*ident* の名前で参照することができる。そのほか,マッチした文字列は,「Lexing.lexeme lexbuf」によって参照することもできる。

例として,図 3.4 の正規表現を簡略化し,ID, NUM, REAL に属性を付加したものを図 **3.20** に示す。

```
let digits = ['0'-'9']+
let digits_opt = "['0'-'9']*
rule token = parse
    "if"                                                    { IF }
  | ['a'-'z']['a'-'z''0'-'9']*         as id               { ID (id) }
  | digits                              as num              { NUM (int_of_string num) }
  | (digits"."digits_opt) | (digits_opt"."digits)  as real
                                                            { REAL (real_of_string real) }
  | (" " | "\n" | "\t")+                                    { token lexbuf }
  | _                                                       { error(); token lexbuf }
```

図 **3.20** OCamllex の正規表現記述

3.5 Simple コンパイラの字句解析器

字句解析の章の最後に，Simple コンパイラの字句解析器の実現を示そう．図 **3.21** は，OCamllex で記述した Simple コンパイラの字句解析器を示している．各トークンの宣言は，4.9 節の構文解析器生成系が生成するファイル（`parser.ml`）内で与えられるので，ここでは，頭部に「`open Parser`」とだけ記述しておけばよい．

Simple の字句解析器は，整数定数を表す `NUM`，識別子を表す `ID`，文字列を表す `STR` の三つのトークンについて，属性値を付加する．`NUM` は，数字の並びであり，その整数値を属性値として付加する．`ID` は，英字かアンダースコアで始まる英数字からなり，マッチした文字列をそのまま属性値とする．`STR` も，「`"`」で囲まれた任意の文字列を属性値とする．

`if` から `void` の行は，Simple 言語の予約語の処理を示している．予約語は，識別子の正規表現に含まれるので，`ID` の前に記述して，優先度を高くしておく必要がある．

そのほかの 1 文字か 2 文字からなる記号列は，演算子や区切り記号としてトークンを割り当てている．

3.5 Simpleコンパイラの字句解析器

```
{
open Parser
exception No_such_symbol
}

let digit = ['0'-'9']
let id = ['a'-'z' 'A'-'Z' '_'] ['a'-'z' 'A'-'Z' '0'-'9']*

rule lexer = parse
  | digit+ as num           { NUM (int_of_string num) }
  | "if"                    { IF }
  | "else"                  { ELSE }
  | "while"                 { WHILE }
  | "scan"                  { SCAN }
  | "sprint"                { SPRINT }
  | "iprint"                { IPRINT }
  | "int"                   { INT }
  | "return"                { RETURN }
  | "type"                  { TYPE }
  | "void"                  { VOID }
  | id as text              { ID text }
  | '"'['^''\"']*'"' as str { STR str }
  | '='                     { ASSIGN }
  | "=="                    { EQ }
  | "!="                    { NEQ }
  | '>'                     { GT }
  | '<'                     { LT }
  | ">="                    { GE }
  | "<="                    { LE }
  | '+'                     { ADD }
  | '-'                     { SUB }
  | '*'                     { MUL }
  | '/'                     { DIV }
  | '{'                     { LB }
  | '}'                     { RB }
  | '['                     { LS }
  | ']'                     { RS }
  | '('                     { LP }
  | ')'                     { RP }
  | ','                     { COMMA }
  | ';'                     { SEMI }
  | [' ' '\t' '\n']         { lexer lexbuf }(* eat up whitespace *)
  | eof                     { raise End_of_file }
  | _                       { raise No_such_symbol }
```

図 3.21 Simpleコンパイラの字句解析器 (ファイル lexer.mll)

4章 構文解析

◆本章のテーマ

　字句解析器からトークン列が得られると，つぎに，このトークン列が，原始言語の文法に合っているか，合っているなら，文法中のどの構文かを決定しなければならない．この作業を構文解析 (syntax analysis または parsing) と呼び，構文解析を行うフェーズを構文解析器 (parser) と呼ぶ．

　本章では，文法から直接実現できる予測型構文解析 (predictive parsing) と，予測型構文解析より複雑であるが，より大きな文法クラスを扱うことができる LR 構文解析 (LR parsing) について説明する．

　LR 構文解析には，構文解析器を自動生成するツールが多く存在するので，その一つである Yacc を用いた実践的な実現法についても述べる．

◆本章の構成（キーワード）

- 4.1 構文の指定
- 4.2 文脈自由文法
  - 導出，解析木と曖昧な文法，曖昧でない文法への変換
- 4.3 予測型構文解析
- 4.4 FIRST 集合と FOLLOW 集合
  - FIRST 集合を求めるアルゴリズム，FOLLOW 集合
- 4.5 予測型構文解析器の実現
  - 予測型構文解析表，左再帰の除去，左くくり出し，エラー回復
- 4.6 LR 構文解析
  - LR(0) 構文解析器の実現，SLR 構文解析，LR(1) 構文解析，LALR(1) 構文解析，文法クラスの関係
- 4.7 Yacc と Simple 言語の構文解析器の実現
  - OCamlyacc の概観，曖昧な文法の利用，OCamlyacc のエラー回復，OCamllex との連携
- 4.8 抽象構文木
- 4.9 Simple コンパイラの構文解析
  - 文，宣言，左辺値，式，構文解析の実現

◆本章を学ぶと以下の内容をマスターできます

- ☞ 文脈自由文法の理解
- ☞ 予測型構文解析の仕組みと実現法
- ☞ LR 構文解析の仕組みと実現法
- ☞ OCamlyacc の使用法
- ☞ 抽象構文木の役割と生成法

4.1 構文の指定

　構文解析を行うためには，原始言語として受け付けることができる構文のパターンを指定しなければならない．

　パターンの指定としては，字句解析で正規表現を扱った．例えば，加算の構文を，OCamllex の正規表現表記を使って記述するとつぎのようになる．

```
let num = ['0'-'9']
let add = num ( '+' num )*
```

OCamllex の `let` は，記述を容易にするために，正規表現の一部に名前を与えるだけであり，その名前が使われているところに展開できなければらない．この例は，つぎの記述と同じである．

```
let add = ['0'-'9'] ('+' ['0'-'9'])*
```

つぎに，括弧を含んだ構文を記述してみよう．

```
let num = ['0'-'9']
let add = '(' * num ('+' num ')' * )*
```

一見，問題ないように見えるかもしれないが，「(」と「)」の対応が取れていないことに注意して欲しい．

　ここで，つぎのような記述ができれば，対応が取れそうに見える．

```
let num = ['0'-'9']
let expr = num | '(' add ')'
let add = expr '+' expr
```

しかしながら，名前で指定された部分を展開してみると，つぎのように，定義しようとしている *add* が未定義のまま右辺に再帰的に現れてしまい，定義できない．

```
let add = ( ['0'-'9'] | '(' add ')' ) '+'
          ( ['0'-'9'] | '(' add ')' )
```

構文を指定するためには，再帰的な定義を許す別の表現方法が必要である．再帰的な定義が可能で，従来から構文の指定に広く使用されている表現方法に，**文脈自由文法** (context–free grammar) がある．

4.2 文脈自由文法

文脈自由文法（文脈から明らかなときは，単に**文法** (grammar) と呼ぶ）は，つぎの形式を持つ**生成規則** (production rule) の集まりである．

$$記号 \rightarrow 記号_1 \ 記号_2 \ \cdots \ 記号_n$$

生成規則は，→ の左辺が右辺のパターンを持つことを意味する．生成規則に現れる記号は，**非終端記号** (non-terminal symbol) と**終端記号** (terminal symbol) に分けられる．

非終端記号は，生成規則の中に定義を持ち，その生成規則の左辺に現れる．非終端記号の一つは，**開始記号** (start symbol) と呼ばれ，区別される．終端記号はトークンに当たる記号で，字句解析器から渡されるので，定義を持たない．

図 4.1 は，四則演算言語の文脈自由文法を示している．

1	S	→	$S \ ; \ S$	4	E	→	$E + E$	8	E	→	id
2	S	→	id $= E$	5	E	→	$E - E$	9	E	→	num
3	S	→	print (E)	6	E	→	$E * E$	10	E	→	(E)
				7	E	→	E / E				

図 **4.1** 四則演算言語の文脈自由文法

非終端記号と終端記号はつぎのとおりである．

- 非終端記号：S, E
- 終端記号：id, num, print, =, +, -, *, /, (,), ;

四則演算言語の文法は，つぎのようなトークン列を受け付ける．

```
id = num + num * num ; print ( id )
```

すなわち，つぎのようなプログラムが原始プログラムである．

```
a = 1 + 2 * 3; print (a)
```

4.2.1 導　　　出

生成規則の左辺の記号（非終端記号）を，右辺の記号列で置き換えることを**導出** (derivation) という．開始記号から始めて，導出を繰り返していくと，トー

クン列が得られる。図 4.2 は，四則演算言語の文法から「id = num + num * num ; print (id)」を導出する過程を示している。

```
S
S ; S
id = E ; S
id = E + E ; S
id = num + E ; S
id = num + E * E ; S
id = num + num * E ; S
id = num + num * num ; S
id = num + num * num ; print ( E )
id = num + num * num ; print ( id )
```

図 4.2　id = num + num * num ; print (id) の導出

非終端記号が複数ある場合は，どの非終端記号から導出するのか決めなければならない。上記の例は，最も左にある非終端記号を導出している。このような導出法を**最左導出** (leftmost derivation) という。逆に，最も右にある非終端記号を導出する方法を**最右導出** (rightmost derivation) という。

4.2.2　解析木と曖昧な文法

非終端記号を導出後の記号列と辺でつないだ木構造を**解析木** (parse tree) という。図 4.3 は，図 4.2 の導出過程を解析木にしたものである。しかしながら，図 4.1 の文法は，決まったトークン列を導出するとき，唯一の解析木を生成するとは限らない。

例えば，E から「num + num + num」を導出する解析木は，生成規則の選び方によって図 4.4(a), (b) の 2 種類がある。

このように，複数の解析木を生成する可能性がある文法を**曖昧な文法**という。一つに決定する構文は，あとで意味づけを行うことを考えると，意味を反映したものであるほうが扱いやすい。解析木の親子関係を，親節点が演算子で，子節点がオペランドと考えるなら，(num + num) + num の計算順序に相当する図 (b) の解析木が望ましい。ここで，同じ演算が複数並んでいるときに左から

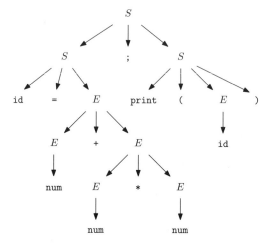

図 4.3 四則演算言語の解析木

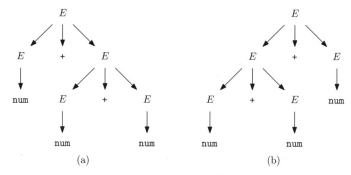

図 4.4 「num + num + num」を導出する解析木

計算する演算子は，**左結合**であるという．逆に，右から計算する演算子は，**右結合**であるといい，累乗の計算がこれに当たる．

同様に，E から「num + num * num」を導出する解析木は，図 **4.5**(a), (b) の 2 種類がある．

一般に，* の演算は，+ の演算より先に計算する．このことを，演算子 * は演算子 + より**優先順位**が高い，あるいは**結合力**が強いという．すなわち，「num + (num * num)」の計算順序を想定して図 (a) の解析木が得られるのが望ましい．

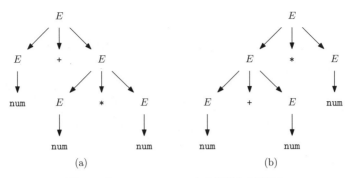

図 4.5 「num + num * num」を導出する解析木

「num + num - num」を導出する解析木には，図 4.6(a), (b) の 2 種類がある。演算子 + と演算子 - は結合力が同じなので，「(num + num) - num」の計算順序から，図 (b) の解析木が得られるのが望ましい。

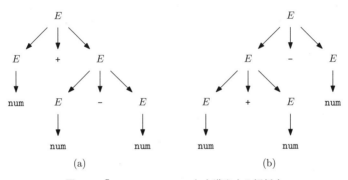

図 4.6 「num + num - num」を導出する解析木

4.2.3 曖昧でない文法への変換

曖昧な文法は，多くの場合，曖昧でない文法に変換することができる。図 4.1 を曖昧でない文法に変換すると，図 4.7 のようになる。

文法中で，演算子の結合方向（左結合か右結合か）や結合力を表現するためには，同じ結合方向と結合力を持つ演算ごとに異なる非終端記号を割り当てるとよい。

S'	$\to$	$L\,\$$						
L	$\to$	$S\,;L$	S	$\to$	$\mathtt{id} = E$			
L	$\to$	S	S	$\to$	$\mathtt{print}\,(\,E\,)$			
E	$\to$	$E + T$	T	$\to$	$T * F$	F	$\to$	$\mathtt{id}$
E	$\to$	$E - T$	T	$\to$	T / F	F	$\to$	$\mathtt{num}$
E	$\to$	T	T	$\to$	F	F	$\to$	$(\,E\,)$

図 4.7　四則演算言語の曖昧でない文脈自由文法

図 4.7 では，+ と - の演算に対して，式 (expression) を意味する E を割り当て，* と / の演算には，項 (term) を意味する T を割り当てている．また，id, num, (E) には，分割できない単位として，因子 (factor) の F を割り当てている．

演算子 * や / が，演算子 + や - より結合力が強く，項が式より優先して計算されることを表現するためには，項を + と - のオペランドの位置に配置する．また，式の左結合性を表現するためには，以前の式の出現を，+ や - の左オペランドの位置に制限する．このようにして，$E \to E + T$ と $E \to E - T$ の生成規則が得られる．左オペランドに式が現れないのであれば，項が現れているはずなので，$E \to T$ の生成規則も加えておかなければならない．

項についても同様に，項自身を左オペランド，因子を右オペランドとし，項自身が出現しないのであれば，因子とすることで，式より強い結合力と左結合性を表現できる．

式や項や因子が，結果として値を生じるのに対して，値を生じずに副作用を中心とした実行を行う構文を文 (statement) という．非終端記号の S は，文を表している．; は文と文を組み合わせることによって，文の並びを表現する．図 4.7 では，非終端記号 L を導入して，; を右結合の演算子のように扱っていることに注意して欲しい．右結合にしておくと，あとの処理で，並びをリストで表現できるようになるので便利である．

最後に，ファイルの終りを表す $ を含む生成規則 $S' \to L\,\$$ を加えておこう．実践的な構文解析は，ファイルの終りを読み込んで終了するので，$ を含む生

成規則が存在しなければ，開始記号のあとに $ が続く生成規則を加えて，その左辺の非終端記号 S' を新しい開始記号とする．

4.3　予測型構文解析

いくつかの文脈自由文法では，各非終端記号に対応した，構文を検査する関数を作成することによって，容易に構文解析器を作成できる．この関数を**構文検査関数**と呼ぶことにする．各構文検査関数は，対応する非終端記号を左辺に持つ生成規則の右辺の構文を検査する役割を持つ．$X \to \alpha_1, \cdots, X \to \alpha_k$ のように，同じ左辺の生成規則が複数ある場合，$\alpha_1, \cdots, \alpha_k$ のいずれの構文を検査すべきか，右辺の先頭に導出される終端記号と入力トークンとの一致性で区別する．構文検査の前に調べる記号は，**先読み** (lookahead) と呼ばれる．

構文検査関数を呼び出すことによって，導出していく構文解析器を，**予測型構文解析器** (predictive parser)，あるいは**再帰下降型構文解析器** (recursive descent parser) という．

図 4.8 に，前置記法の文脈自由文法を示す．前置記法とは，演算子を関数のようにオペランドの前に記述する記法である．例えば，「1 + 2」を前置記法にすると「+ 1 2」になる．

S'	$\to$	S $	E	$\to$	+ E E
			E	$\to$	* E E
S	$\to$	= id E	E	$\to$	id
S	$\to$	print E	E	$\to$	num

図 4.8　前置記法の文脈自由文法

また，この文法を基にした予測型構文解析器を図 4.9 に示す．関数 advance は，字句解析器 getToken を呼び出し，返ってきたトークンを，変数 tok に代入する．関数 check は，その tok のトークンと，引数として指定した終端記号とが一致するか検査する．もし，一致すれば advance() を呼んで，つぎのトークンを tok に取得し，一致しなければ，error() によってエラーを通知する．

```
type token = ID | NUM | EQ | ADD | MUL | PRINT | EOF

let tok = ref (getToken())
let advance() =  tok := getToken()
let check t = if (!tok=t) then advance() else error()

let rec s'() = (s(); check(EOF))
and s() = match !tok with
            EQ -> (check(EQ); check(ID); e())
          | PRINT -> (check(PRINT); e())
and e() = match !tok with
            ADD -> (check(ADD); e(); e())
          | MUL -> (check(MUL); e(); e())
          | ID  -> check(ID)
          | NUM -> check(NUM)
```

図 **4.9** 前置記法の予測型構文解析器

構文検査関数 s', s, e は, それぞれの非終端記号 S', S, E を左辺に持つ生成規則の構文を検査する。複数の生成規則の構文を扱わなければならない場合には, 先頭にくる終端記号が !tok と一致する生成規則を選択するようにする。

各生成規則の構文の検査は, 右辺の各記号に対応して, 非終端記号 N か終端記号 t かによって, N に一致する構文検査関数を呼び出すか, check(t) によって t と !tok の一致性を検査するかすればよい。例えば, 「$S \to$ = id E」については, 「(check(EQ); check(ID); e())」のようにする。

つぎに, 図 4.7 の四則演算言語の文法から予測型構文解析器を作成してみよう。前置記法のときと同様にすると, **図 4.10** のようなプログラムになる。このプログラムには, つぎのような問題がある。

① $\boxed{(1)}$ – $\boxed{(8)}$ にどの終端記号を指定すべきか, 文法からわからない。

② e() = match !tok with $\boxed{(1)}$ -> (e(); check(PLUS); t()) のように, 構文検査関数の先頭で再帰関数呼出しが生じる。e() の再帰呼出しまでに, tok のトークンが更新されないので, 実行が止まらなくなる。

$\boxed{(1)}$ – $\boxed{(8)}$ が決められない理由は, 非終端記号 S, L, E, T のそれぞれを左辺に持つ生成規則が複数あるにも関わらず, 右辺の先頭にどの終端記号が現れるのか, 見かけではわからないからである。このような場合は, 生成規則の右

```
type token = ID | NUM | PRINT | LP | RP | ADD | SUB | MUL | DIV |
             SEMI | EQ | EOF

let rec s'() = (l(); check(EOF))
and l() = match !tok with
           (1)  -> (s(); check(SEMI); l())
         | (2)  -> s()
and s() = match !tok with
            ID -> (check(ID); check(EQ); e())
          | PRINT -> (check(PRINT); check(LP); e(); check(RP))
and e() = match !tok with
           (3)  -> (e(); check(PLUS); t())
         | (4)  -> (e(); check(MINUS); t())
         | (5)  -> (t())
and t() = match !tok with
           (6)  -> (t(); check(TIMES); f())
         | (7)  -> (t(); check(DIV); f())
         | (8)  -> (f())
and f() = match !tok with
            ID -> (check(ID))
          | NUM -> (check(NUM))
          | LP -> (check(LP); e(); check(RP))
```

図 4.10 四則演算言語の予測型構文解析器

辺から導出される先頭の終端記号を計算によって求めなければならない。この先頭にくる終端記号の集合を **FIRST 集合**という。

また，構文検査関数の先頭の再帰呼出しは，「$E \to E + T$」のように，生成規則の左辺の非終端記号が右辺の先頭にくることから生じる。この生成規則の形式を**左再帰**(left recursion) という。予測型構文解析器を作成するためには，左再帰を含まないように，文法を変形しなければならない。

4.4 FIRST 集合と FOLLOW 集合

非終端記号と終端記号からなる記号列 α が与えられたとき，α の FIRST 集合 FIRST(α) とは，α から導出可能な記号列の先頭にくる終端記号の集合である。

例えば，図 4.7 では，FIRST($S\,;L$) = {id, print} であり，FIRST($E+T$) = {id, num, (} である．

FIRST 集合の計算法を，図 **4.11** の文法を例に考えてみよう．図 4.11 は，「$Q \to$」のように，なにも記号を導出しない生成規則を含んでいる．なにも記号を導出しないことを，空を導出するといい，空を導出する可能性があることを，**空導出可能** (nullable) という．

R	$\to$	z	Q	$\to$		P	$\to$	Q
R	$\to$	PQR	Q	$\to$	y	P	$\to$	x

図 **4.11** 空導出可能性を含む文法

定義どおりに考えると，FIRST(PQR) を求めるためには，FIRST(P) を計算すればよいように思える．しかしながら，P が，Q を導出し，Q が空を導出したとすると，FIRST(PQR) は，FIRST(Q) かもしれない．さらに，Q が空を導出したとすると，FIRST(PQR) は，FIRST(R) ということになる．すなわち，FIRST(PQR) は，FIRST(P) $\cup$ FIRST(Q) $\cup$ FIRST(R) である．

4.4.1 FIRST 集合を求めるアルゴリズム

〔1〕 **空導出可能性の計算** このように，FIRST 集合を求めるためには，空導出可能性を調べる必要がある．空導出可能性を求めるアルゴリズムを，図 **4.12** に示す．図 4.12 では，各記号 X に対する空導出可能性が，true か false として nullable.(X) に得られる．

```
for 各記号 Z do
  nullable.(Z) <- false;
done
do
  for 各生成規則 X → Y₁Y₂…Yₖ do
    if Y₁…,Yₖ がすべて空導出可能 (あるいは右辺が空) then
      nullable.(X) <- true;
  done
while nullable に変化あり done
```

図 **4.12** 空導出可能性を求めるアルゴリズム

4.4 FIRST 集合と FOLLOW 集合

各記号 X について，初期値を false にした nullable.(X) を，右辺のすべての記号 Y_i が，nullable.(Y_i)=true になるたびに，true にする。この計算を，nullable に変化がなくなるまで繰り返す。

アルゴリズムを，図 4.11 の文法に適用した結果を，最も外側のループ (do-while[†]) の反復ごとに表 4.1 に示す。

表 4.1

	初期状態	反復 1	反復 2	反復 3（結果）
P	false	false	true	true
Q	fasle	true	true	true
R	false	false	false	false

反復 3 は，反復 2 と同じ結果になるが，nullable が変化しなくなったことを確認するために必要になる。

〔2〕 **FIRST 集合の計算**　　記号 X に対する FIRST 集合の計算アルゴリズムを図 4.13 に示す。このアルゴリズムは，空導出可能性が求まっていることを前提にしている。各 X の FIRST 集合は，first.(X) に求まる。

```
for 各記号 Z do
  if Z が終端記号 then
      first.(Z) <- { Z }
  else first.(Z) <- {}
done
do
  for 各生成規則 X → Y₁Y₂···Y_k do
    for i = 1 to k do
      if Y₁···Y_{i-1} がすべて空導出可能 (あるいは i = 1) then
         first.(X) <- first.(X) ∪ first.(Y_i);
    done
  done
while first に変化あり done
```

図 4.13　FIRST 集合を求めるアルゴリズム

FIRST 集合の初期値は，非終端記号については空集合である。終端記号 Z については Z 自身しか含まないので，「{ Z }」を初期値として設定しておく。

[†]　OCaml に，do-while 型のループは存在しない。

FIRST 集合の計算は，各生成規則 $X \to Y_1 Y_2 \cdots Y_k$ について，$Y_1 \cdots Y_{i-1}$ がすべて空導出可能だった場合に，FIRST(Y_i) を FIRST(X) に加えることを繰り返す．最終的に，すべての FIRST 集合が変化しなくなった段階で，解が求まる．アルゴリズムを，図 4.11 の文法に適用した結果を反復ごとに示すと，**表 4.2** のとおりである．

表 4.2

	初期状態	反復 1	反復 2	反復 3（結果）
P		x	x y	x y
Q		y	y	y
R		x	x y z	x y z

反復 3 は，`nullable` の計算と同様に，`first` が変化しなくなったことを確認するために必要になる．

`first` は，各記号ごとに計算した FIRST 集合であるが，記号列に対する FIRST 集合も，つぎのように帰納的に求めることができる．

$$\text{FIRST}(X\alpha) = \begin{cases} \texttt{first.}(X) & \text{もし } \texttt{nullable.}(X) = \texttt{false} \text{ ならば} \\ \texttt{first.}(X) \cup \text{FIRST}(\alpha) & \text{さもなければ} \end{cases}$$

4.4.2 FOLLOW 集合

予測型構文解析で，FIRST 集合を求める理由は，$X \to \alpha_1$ と $X \to \alpha_2$ のような左辺が同じ生成規則が存在した場合，その構文を先読みで区別するためであった．しかしながら，生成規則の右辺 α_1 が空を導出する場合は，なにを先読みにすればよいであろうか．この場合，α_1 の直後に導出される終端記号を考慮しなければならない．

記号 X の直後に導出される可能性のある終端記号の集合を X の **FOLLOW** 集合といい，FOLLOW(X) と表記する．FOLLOW(X) は，X の直後に導出される終端記号を含むので，XYZ を右辺に持つ生成規則が存在する場合，FOLLOW(X) は，FIRST(Y) を含む．さらに，Y が空導出可能であるなら，FIRST(Z) も含まなければならない．

4.4 FIRST 集合と FOLLOW 集合

図 4.14 に，FOLLOW 集合を計算するアルゴリズムを示す。各記号 X の FOLLOW 集合は，follow.(X) に求まる。

```
for 各記号 Z do
  follow.(Z) <- {};
done
do
  for 各生成規則 X → Y₁Y₂⋯Y_k do
    for i = 1 to k do
      if Y_{i+1}⋯Y_k がすべて空導出可能 (あるいは i = k) then
        follow.(Y_i) <- follow.(Y_i) ∪ follow.(X);
      for j = i+1 to k do
        if Y_{i+1}⋯Y_{j-1} がすべて空導出可能 (あるいは j = i+1) then
          follow.(Y_i) <- follow.(Y_i) ∪ first.(Y_j);
      done
    done
  done
while follow に変化あり done
```

図 4.14 FOLLOW 集合を求めるアルゴリズム

各生成規則 $X \to Y_1Y_2\cdots Y_k$ について，右辺の Y_i の FOLLOW 集合を順に求める。FOLLOW(Y_i) には，$Y_{i+1}\cdots Y_{j-1}$ がすべて空導出可能なら，FIRST(Y_j) も加える。もし，右辺すべてが空導出可能であった場合は，左辺 X の FOLLOW 集合も含めなければならない。最終的に，すべての FOLLOW 集合が変化しなくなった段階で，解が求まる。

アルゴリズムを図 4.11 の文法に適用した結果を，空導出可能性と FIRST 集合が求まっているとして，反復ごとに**表 4.3** に示す。

表 4.3

	初期状態	反復 1	反復 2 (結果)
P		x y z	x y z
Q		x y z	x y z
R			

反復 2 は，nullable や first と同様に，follow が変化しなくなったことを確認している。

4.5 予測型構文解析器の実現

4.5.1 予測型構文解析表

同じ左辺を持つ生成規則 $X \to \alpha_1, \cdots, X \to \alpha_k$ から構文検査関数を作成するためには，$\alpha_1, \cdots, \alpha_k$ のどの構文を検査すべきか，先読みによって区別できなければならない。すなわち，非終端記号 X と先読み T の組 (X, T) に対して，一つの生成規則が対応することを意味する。この性質を利用すると，X を行，T を列とする生成規則の表を作成することができる。この表を**予測型構文解析表** (predictive parsing table) という。

予測型構文解析表を作成するには，各生成規則 $X \to \alpha$ について，つぎの手順を行えばよい。

① $T \in \text{FIRST}(\alpha)$ なら，$X \to \alpha$ を X 行 T 列の要素とする。

② α が空導出可能なら，$T' \in \text{FOLLOW}(X)$ として，X 行 T' 列の要素にも，$X \to \alpha$ を加える。

図 4.11 の文法について予測型構文解析表を作成すると，**表 4.4** のようになる。

表 4.4　図 4.11 の文法に対する予測型構文解析表

	x	y	z
P	$P \to x$ $P \to Q$	$P \to Q$	$P \to Q$
Q	$Q \to$	$Q \to$ $Q \to y$	$Q \to$
R	$R \to PQR$	$R \to PQR$	$R \to z$ $R \to PQR$

得られた表 4.4 を見てみると，3 箇所で生成規則が複数含まれていることがわかる。これは，先読みによって生成規則が区別できないことを意味し，**競合** (conflict) が存在するという。競合が存在する図 4.11 のような文法からは，予測型構文解析器を作成することができない。

予測型構文解析表で，生成規則が重複しないようにするためには，このあとに述べる，左再帰の除去やくくり出しなどの方法によって，文法を変形しなければならない。

4.5.2 左再帰の除去

図 4.10 で示したように，生成規則の左辺の記号が，右辺の先頭に現れる左再帰があると，構文検査関数の実行が止まらなくなることを述べた．また，図 4.7 の文法から見ても，例えば，$E \to E+T$ と $E \to T$ において，FIRST$(E+T)$ と FIRST(T) とは，FIRST$(E+T)$=FIRST(E)=FIRST(T) から同じ集合であり，曖昧性を含んでいる．

一般に，つぎのような左再帰を含む文法は，右再帰に変形することによって，左再帰を除去できる．

$$X \to X\alpha$$
$$X \to \beta \quad (\beta \text{ の先頭は } X \text{ ではない})$$

この文法から導出されるパターンを考えてみると，「$\beta\,\alpha\,\alpha\,\cdots\,\alpha$」のように，$\beta$ のあとに α が 0 個以上並んだパターンになることがわかる．

このような文法は，α の 0 個以上の並びを右再帰で表す X' を導入して，つぎのように変形できる．

$$X \to \beta X' \qquad X' \to \alpha X'$$
$$X' \to$$

図 4.7 の文法も同様に考えると，E の生成規則

$$E \to E+T$$
$$E \to E-T$$
$$E \to T$$

は，α を「$+T$」および「$-T$」，β を「T」として，つぎのように変形できる．

$$E \to TE' \qquad E' \to +TE'$$
$$E' \to -TE'$$
$$E' \to$$

T の生成規則も同様に変形すると，**図 4.15** に示すような，図 4.7 から左再帰を取り除いた文法が得られる．

左再帰の除去によって，E と T を左辺に持つ生成規則の競合は解消されたが，「$L \to S\,;\,L$」と「$L \to S$」との間の競合はまだ残っている．このような競合は，つぎの左くくり出しで扱う．

$$
\begin{aligned}
S' &\rightarrow L\,\$ \\[4pt]
L &\rightarrow S\,;\,L & S &\rightarrow \text{id} = E \\
L &\rightarrow S & S &\rightarrow \text{print}\,(\,E\,) \\[4pt]
E &\rightarrow T\,E' & T &\rightarrow F\,T' & F &\rightarrow \text{id} \\
E' &\rightarrow +\,T\,E' & T' &\rightarrow *\,F\,T' & F &\rightarrow \text{num} \\
E' &\rightarrow -\,T\,E' & T' &\rightarrow /\,F\,T' & F &\rightarrow (\,E\,) \\
E' &\rightarrow & T' &\rightarrow
\end{aligned}
$$

図 4.15　左再帰を除去した四則演算言語の文法

4.5.3　左くくり出し

多くのプログラミング言語では，つぎのような生成規則からなる if 文の構文を採用している。

$$
\begin{aligned}
S &\rightarrow \text{if } E \text{ then } S \\
S &\rightarrow \text{if } E \text{ then } S \text{ else } S
\end{aligned}
$$

これらの生成規則は，右辺の先頭に，同じ「if E then」が現れるので，競合が存在する。このような競合は，つぎのように，先頭の同じ部分をくくり出して共通化すると解消できる。

$$
\begin{aligned}
S &\rightarrow \text{if } E \text{ then } S' & S' &\rightarrow \text{else } S \\
& & S' &\rightarrow
\end{aligned}
$$

この文法の変形法を，**左くくり出し** (left factor) という。

同様に，図 4.15 の L の生成規則に適用すると，つぎのように変形できる。

$$
\begin{aligned}
L &\rightarrow S\,L' & L' &\rightarrow ;\,L \\
& & L' &\rightarrow
\end{aligned}
$$

最終的に得られる四則演算言語の文法を**図 4.16** に示す。

この文法の空導出可能性，FIRST 集合，FOLLOW 集合を計算した結果が**表 4.5** である。さらに，予測型構文解析表を作成すると**表 4.6** のようになる。

構文解析表の各要素を見てみると，生成規則の重複が生じていないことがわかる。すなわち，図 4.7 を，左再帰と左くくり出しで変形した図 4.16 の文法から，**図 4.17** に示すような予測型構文解析器を作成することができる。

4.5 予測型構文解析器の実現

$$
\begin{array}{rcl}
S' & \to & L \,\$ \\
\\
L & \to & S\,L' \\
\\
& & \\
E & \to & T\,E' \\
E' & \to & +\,T\,E' \\
E' & \to & -\,T\,E' \\
E' & \to & \\
\end{array}
\qquad
\begin{array}{rcl}
L' & \to & ;\,L \\
L' & \to & \\
\\
T & \to & F\,T' \\
T' & \to & *\,F\,T' \\
T' & \to & /\,F\,T' \\
T' & \to & \\
\end{array}
\qquad
\begin{array}{rcl}
S & \to & \mathrm{id} = E \\
S & \to & \mathtt{print}\,(\,E\,) \\
\\
F & \to & \mathrm{id} \\
F & \to & \mathrm{num} \\
F & \to & (\,E\,) \\
\\
\end{array}
$$

図 4.16 図 4.15 に左くくり出しを適用した四則演算言語の文法

表 4.5 図 4.16 の文法における nullable, first, follow

	nullable	first	follow
S'	false	id print	
L	false	id print	$
L'	true	;	$
S	false	id print	$;
E	false	id num (	$;)
E'	true	+ −	$;)
T	false	id num (	$;) + −
T'	true	* /	$;) + −
F	false	id num (	$;) + − * /

表 4.6 図 4.16 の文法に対する予測型構文解析表

	id	num	print	(	)
S'	$S' \to L\$$		$S' \to L\$$		
L	$L \to S\,L'$		$L \to S\,L'$		
L'					
S	$S \to \mathrm{id} = E$		$S \to \mathtt{print}\,(\,E\,)$		
E	$E \to T\,E'$	$E \to T\,E'$		$E \to T\,E'$	
E'					$E' \to$
T	$T \to F\,T'$	$T \to F\,T'$		$T \to F\,T'$	
T'					$T' \to$
F	$F \to \mathrm{id}$	$F \to \mathrm{num}$		$F \to (\,E\,)$	

	+	−	*	/	;	$
S'						
L						
L'					$L' \to ;\,L$	$L' \to$
S						
E						
E'	$E' \to +\,T\,E'$	$E' \to -\,T\,E'$			$E' \to$	$E' \to$
T						
T'	$T' \to$	$T' \to$	$T' \to *\,F\,T'$	$T' \to /\,F\,T'$	$T' \to$	$T' \to$
F						

```
type token = ID | NUM | PRINT | LP | RP | ADD | SUB | MUL | DIV |
             SEMI | EQ | EOF

let tok = ref (getToken())
let advance() =  tok := getToken()
let check t = if (!tok=t) then advance() else error()

let rec s'() = (L(); check(EOF))
and l() = match !tok with
            ID -> (s(); l'())
          | PRINT -> (s(); l'())
          | _ -> (* エラー処理 *)
and l'() = match !tok with
            SEMI -> (check(SEMI); l())
          | EOF -> ()
          | _ -> (* エラー処理 *)
and s() = match !tok with
            ID -> (check(ID); check(EQ); e())
          | PRINT -> (check(PRINT); check(LP); e(); check(RP))
          | _ -> (* エラー処理 *)
and e() = match !tok with
            ID -> (t(); e'())
          | NUM -> (t(); e'())
          | LP -> (t(); e'())
          | _ -> (* エラー処理 *)
and e'() = match !tok with
            ADD -> (check(ADD); t(); e'())
          | SUB -> (check(SUB); t(); e'())
          | _ -> if (!tok = RP || !tok = SEMI || !tok = EOF) then ()
                 else (* エラー処理 *)
and t() = match !tok with
            ID -> (f(); t'())
          | NUM -> (f(); t'())
          | LP -> (f(); t'())
          | _ -> (* エラー処理 *)
and t'() = match !tok with
            MUL -> (check(MUL); f(); t'())
          | DIV -> (check(DIV); f(); t'())
          | _ -> if (!tok = ADD || !tok = SUB || !tok = RP ||
                     !tok = SEMI || !tok = EOF) then ()
                 else (* エラー処理 *)
and f() = match !tok with
            ID -> (check(ID))
          | NUM -> (check(NUM))
          | LP -> (check(LP); e(); check(RP))
          | _ -> (* エラー処理 *)
```

図 **4.17** 図 4.16 の文法を基にした予測型構文解析器

4.5.4 エラー回復

コンパイラの最も重要な役割は，正しい原始プログラムを目的プログラムに変換することである．しかしながら，コンパイラに入力されるのは，正しいプログラムばかりとは限らない．そして，プログラムにエラーが含まれているのであれば，なるべく多くのエラーをユーザに知らせるべきである．

例えば，図 4.17 の「(* エラー処理 *)」の部分で，例外を発生させれば，最初に見つけたエラーを知らせることしかできない．一方で，エラーがあったことだけ通知し，構文解析を続ければ，いったん，つじつまが合わなくなった構文解析は，正しく書かれている部分でもエラーを通知し続けるかもしれない．これは**エラーの雪崩**と呼ばれ，最初のエラー通知を除いて意味をなさなくなる．

意味のあるエラーを，エラーの雪崩を生じることなく，なるべく多く通知するためには，エラーを見つけるたびに，正しく構文解析できたかのように回復する必要がある．これを**エラー回復** (error recovery) という．

エラー回復を実現するためには，エラーを通知したあと，正しい構文になるように，トークンを，挿入，削除，あるいは置換すればよい．例えば，つぎの四則演算のプログラムは，「3」を検査する段階でエラーを生じる．

```
1 + 2 3 * 4
```

このとき，2 と 3 の間に適当な演算子を挿入して回復することもできるし，3 を削除して回復することもできる．また，2 を - で置き換えることによって，回復させることも可能である．

挿入によるエラー回復は，注意が必要である．なぜなら，エラー回復のための挿入が，新たなエラーを作り出してしまうかもしれないからである．そのエラーをまた挿入で回復していくと，エラー回復が止まらなくなってしまうかもしれない．

また，置換によるエラー回復は，適切な置換の仕方を指定しなければならないので簡単ではない．

最も安全で単純なエラー回復は，トークンを削除することである．すなわち，字句解析から渡されるトークンを，検査中の構文に一致するものがくるまで無

視するのである。つぎのコード片にある「(* エラー処理 *)」を考えよう。

```
and e() = match !tok with
            ID -> (t(); e'())
          | NUM -> (t(); e'())
          | LP -> (t(); e'())
          | _ -> (* エラー処理 *)
```

非終端記号 E は，FOLLOW 集合である $\{\ ),\ ;,\ \$\ \}$ のいずれかのトークンが渡されるまで読みとばせば，構文検査が成功したとみなすことができる。例えば，つぎの関数 skipTo を用いて，引数のいずれかのリスト要素がくるまで，トークンを読みとばすことができる。

```
and e() = match !tok with
            ID -> (t(); e'())
          | NUM -> (t(); e'())
          | LP -> (t(); e'())
          | _ -> (print_string "Syntax error\n";
                  skipTo([RP; SEMI; EOF])
and skipTo syms = if List.mem (!tok) syms then ()
                  else (check(!tok); skipTo syms)
```

4.6　LR 構文解析

予測型構文解析は，先頭にくる可能性のある終端記号だけで，生成規則を区別できなければならなかった。したがって，実現は容易であるが，複雑なプログラミング言語を扱うのは難しい。

そこで，より強力な **LR 構文解析** (LR parsing) を導入しよう。正確には，**LR**(k) 構文解析という。LR(k) とは，**左から右への構文解析，最右導出**，k トークンの先読み (left–to–right parse, Rightmost–derivation, k–token lookahead) を意味する。

LR 構文解析では，入力記号の部分列が生成規則の右辺にマッチするか調べ，マッチした部分列を生成規則の左辺で置き換えていくことを繰り返す。生成規則の右辺にマッチした記号列を左辺の非終端記号で置き換えることを**還元** (reduce) という。入力記号列は，元々，字句解析器から送られてくるトークン列である

4.6 LR 構文解析

が，還元を繰り返していくうちに，非終端記号が増えていく．最終的に開始記号の右辺が現れた時点で，構文解析は成功である．

記号列にマッチする生成規則を探すためには，各生成規則の右辺のパターンからオートマトンを作成し，それらを組み合わせた特殊な DFA を用いる．

図 4.18 の文法から作成した DFA を図 4.19 に示す．

S'	$\to$	$S\,\$$	E	$\to$	$E + F$	$F \to$	num
S	$\to$	id $(\,E\,)$	E	$\to$	F		

図 4.18 LR(0) 構文解析の文法例

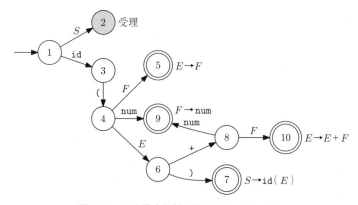

図 4.19 LR 構文解析で用いるオートマトン

トークン「id (num)」を例に，DFA を使って，どのように還元を実現するのか示そう．

開始状態 1 から，状態 3, 4, 6, 7 へと遷移すると，「$S \to$ id (E)」の右辺を受理できる．しかし，入力は id, (のつぎが num なので，状態 4 から状態 6 へは遷移できない．一方，状態 4 を開始状態として，状態 9 への遷移で，「$F \to$ num」の右辺を受理できるので，num を F に還元する．これは，num の代わりに，F が入力されたのと同じなので，状態 4 に戻って，F で遷移すると，状態 5 で，$E \to F$ の右辺を受理できる．F を E に還元すると，F の代わりに E が入力されたとみなせるので，状態 4 に戻って，6, 7 と遷移し，「id (E)」を

S に還元できる．同様に，最初の開始状態で，S が入力されたとみなせるので，状態 2 に遷移し，構文解析が成功する．

例からわかるように，「id (」のつぎに非終端記号 E で遷移しなければならない状態 4 には，「$E \to F$」のように，E を還元によって生じる DFA が接続されている．同様に，num を F に還元する「$F \to$ num」の DFA も状態 4 に接続されているので，num から F，F から E と必要な非終端記号が還元によって得られるのである．

このような，DFA に基づいた還元の振舞いは，状態をスタックで管理することによって容易に実現できる．入力「id (num + num + num)」を例に，スタックを使った LR 構文解析を図 4.20 に示す．図の左の列は，スタックと入力の様子を示している．スタック上には，遷移した状態のほか，その際のラベルを示してある．右の列には，実行する動作を示している．

スタック	入力	動作
$_1$	id (num + num + num) $	シフト
$_1$ id $_3$	(num + num + num) $	シフト
$_1$ id $_3$ ($_4$	num + num + num) $	シフト
$_1$ id $_3$ ($_4$ num $_9$	+ num + num) $	還元 $F \to$ num
$_1$ id $_3$ ($_4$ F $_5$	+ num + num) $	還元 $E \to F$
$_1$ id $_3$ ($_4$ E $_6$	+ num + num) $	シフト
$_1$ id $_3$ ($_4$ E $_6$ + $_8$	num + num) $	シフト
$_1$ id $_3$ ($_4$ E $_6$ + $_8$ num $_9$	+ num) $	還元 $F \to$ num
$_1$ id $_3$ ($_4$ E $_6$ + $_8$ F $_{10}$	+ num) $	還元 $E \to E+F$
$_1$ id $_3$ ($_4$ E $_6$	+ num) $	シフト
$_1$ id $_3$ ($_4$ E $_6$ + $_8$	num) $	シフト
$_1$ id $_3$ ($_4$ E $_6$ + $_8$ num $_9$	) $	還元 $F \to$ num
$_1$ id $_3$ ($_4$ E $_6$ + $_8$ F $_9$	) $	還元 $E \to E+F$
$_1$ id $_3$ ($_4$ E $_6$	) $	シフト
$_1$ id $_3$ ($_4$ E $_6$) $_7$	$	還元 $S \to$ id (E)
$_1$ S	$	受理

図 4.20 「id (num + num + num)」に対する LR 構文解析

動作は，つぎのシフト (shift) と還元 (reduce) からなる．

シフト： 入力から 1 トークンを読み込み，トークンによる遷移先をスタックにプッシュする．

還元 $X \to \alpha$：生成規則 $X \to \alpha$ の α の記号の数だけ，スタックから状態をポップし，最上段にある状態 I から X による遷移先 J をプッシュする。

LR 構文解析は，スタックに開始状態だけを積んで開始する。つねに，スタックの最上段にある状態が，現在の状態であることに注意して欲しい。最終的に，$ がシフトされる状態（実際にはシフトされない）を**受理**といい，構文解析の成功を意味する。

還元が導出の逆の振舞いであることを思い出して，図 4.20 を下から順に見て欲しい。各行のスタックと入力を，一連の記号列として見ると，最も右の非終端記号を導出しているように見える。これが，LR 構文解析が，最右導出と呼ばれる理由である。

4.6.1 LR(0) 構文解析器の実現

文法について，図 4.19 のような DFA が与えられれば，スタックを用いて LR 構文解析を行えることを示した。図 4.20 に示した構文解析の過程では，各状態でシフトか還元かが一意に決まっており，先読みで区別したりはしない。このように，還元の際に先読みをするトークンが 0 個の LR 構文解析を **LR(0)** 構文解析という。

LR(0) 構文解析は，実践的なプログラミング言語の構文解析としてはほとんど役に立たないが，より実践的な SLR 構文解析や LR(1) 構文解析の基礎を与える。

〔1〕 **LR(0) オートマトンの作成**　　LR(0) 構文解析で使用する DFA をどのように作成すればよいか考よう。生成規則の右辺の記号列によって遷移するとき，非終端記号 X での遷移の直前では，X が還元によって生じる必要があった。すなわち，現在の状態は，X を左辺に持つ生成規則に対する DFA の開始状態でもある。このように，各状態と生成規則 $X \to \alpha$ を対応付けるには，記号列 α のどこまで解析が進んだかという情報が必要である。そこで，α 上の解析が終了している位置に点「·」を付加して表記する。この点をドットと呼ぶこ

とにする．ドットを付加した生成規則を，**LR(0) 項**(LR(0) item) という．例えば，生成規則「$X \to ABC$」の LR(0) 項は，つぎの 3 通りがある．

$$X \to \cdot ABC \quad X \to A \cdot BC \quad X \to ABC \cdot$$

状態 i に対応する LR(0) 項が「$X \to A \cdot BC$」であるとき，i からは B による遷移が存在するはずである．このとき B が非終端記号であり，生成規則「$B \to \alpha$」があるなら，i は α に対する DFA の開始状態でもある．すなわち LR(0) 項の「$B \to \cdot \alpha$」も i に対応する．

図 4.18 の文法の開始記号から考えてみよう．初期状態では，ドットが，右辺の最も左にあるので，つぎの LR(0) 項を得る．

$$\boxed{S' \to \cdot S \$}$$

S の前にドットがあるので，LR(0) 項「$S \to \cdot \text{id}(E)$」を加える．

$$1 \boxed{\begin{array}{l} S' \to \cdot S \$ \\ S \to \cdot \text{id}(E) \end{array}}$$

ドットの右に非終端記号がないので，LR(0) 項は，これ以上増えない．この LR(0) 項の集合を，項集合の**閉包**(closure) という．計算した閉包を，状態 1 としよう．

状態 1 は，ドットの位置から，S と id による遷移が可能なはずである．まず，S について考えると，S による遷移後，ドットの位置は一つ右に移動するので，つぎの LR(0) 項が得られる．

$$2 \boxed{S' \to S \cdot \$}$$

ドットの右にある非終端記号がないので，LR(0) 項はこれ以上増えない．この閉包を状態 2 としよう．ドットのつぎが，$ なので，状態 2 は，受理状態になる．$ はシフトされないので，$ による遷移は存在しないことに注意して欲しい．

つぎに，状態 1 から id による遷移を考えよう．遷移後，つぎの LR(0) 項を得る．

$$3 \boxed{S \to \text{id} \cdot (E)}$$

ドットの右に非終端記号がないので，これ以上，LR(0) 項は増えない。この閉包を状態3としよう。

以上で，状態1のLR(0) 項集合と，状態1からの遷移先LR(0) 項集合が計算できた。同様に，遷移によって得られるLR(0) 項から順に閉包を計算していくことによって，DFA を作成することができる。

例で示した閉包と遷移先の計算は，図 **4.21** の closure(i) と trans(i, X) として表される。

```
let rec closure(i) =
    for 状態 i 中の各項 X → α・Yβ について do
        for 各生成規則 Y → γ について do
            i := i ∪ {Y → ·γ}
        done
    done
    if i に変化がある then
        closure(i)
    else i

let trans(i, Y) =
    let j = ∅ in
    for 状態 i 中の各項 X → α・Yβ について do
        j := j ∪ {X → α Y・β}
    done;
    closure(j)
```

図 **4.21** closure と trans

最終的に，closure と trans を用いて DFA を作成するアルゴリズムは，図 **4.22** のようになる。状態集合と辺の集合は，t と e として求まる。

アルゴリズムを，図 4.18 の文法に適用した結果を図 **4.23** に示す。状態4から E による遷移先を計算する trans(4, E) では，ドットの右に E が存在するすべての項を基に新しい項集合を生成することに注意して欲しい。すなわち，遷移先の状態6は，「$S \to$ id ($E\cdot$)」と「$E \to E \cdot + F$」の閉包になる。

図 4.23 において，ドットが最後にある項は，還元を意味する。状態 i で生成規則「$X \to \alpha$」による還元を行うことを，組 ($i, X \to \alpha$) で表すと，還元動作の集合 r は，図 **4.24** のように計算できる。

```
let t = {closure({S' → · S $})}
let e = ∅
do
    for t 中の各状態 i について do
        for i 中の各項 X → α · Yβ do
            let j = trans(i,Y) in
                t := t ∪ {j};
                e := e ∪ {i →^X j};
        done
    done
while t か e に変化あり done
```

図 4.22 DFA を作成するアルゴリズム

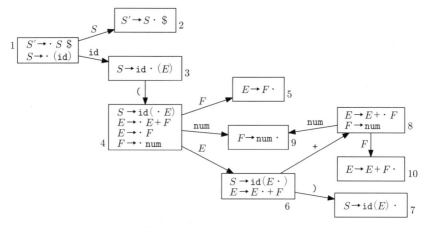

図 4.23 LR(0) オートマトン

```
let r = ∅
for t 中の各状態 i について do
    for i 中の各項 X → α· について do
        r := r ∪ {(i, X → α)}
    done
done
```

図 4.24 還元動作の計算

〔2〕 **LR(0) 構文解析表の作成**　つぎに，DFA を基に，LR(0) 構文解析の各動作を決定する **LR(0) 構文解析表** (LR(0) parsing table) を作成する．表に記述する動作は，つぎの五つがある．

4.6 LR 構文解析

シフト i（表中では si）： 入力を 1 トークン読み込んで，スタックに状態番号 i をプッシュする．

還元 k（表中では rk）： k 番目の生成規則 $X \to \alpha$ の α の記号数だけ状態をポップし，最上段にある状態 i' を用いて，表の (i', X) にある状態 j への移動動作によって，j をプッシュする．

移動 i（表中では gj）： 還元のあとに移動すべき状態 j をスタックにプッシュする．

受理（表中では a）： 構文解析の成功を通知し，構文解析を終了する．

エラー（表中では空白）： 構文解析の失敗を通知し，構文解析を終了する．

DFA 上の各状態遷移 $I \xrightarrow{X} J$ について，X が終端記号なら，表の (I, X) に「sJ」を記述し，X が非終端記号なら「gJ」を記述する．ただし，$(I, \$)$ には，「a」を記述する．「$X \to \alpha \cdot$」（生成規則 $X \to \alpha$ を k 番目の規則と仮定する）のように，ドットが最後にある項を含む状態 I には，すべての終端記号に対して，rk を記述する．

生成規則に番号を付けた図 **4.25** の文法と，図 4.23 のオートマトンから作成した LR(0) 構文解析表を表 **4.7** に示す．

| 0 | S' | $\to$ | $S \$$ | 2 | E | $\to$ | $E + F$ | 4 | F | $\to$ | num |
| 1 | S | $\to$ | id $(\,E\,)$ | 3 | E | $\to$ | F | | | | |

図 **4.25** 図 4.18 に規則番号を付けた文法

構文解析表 $table$ が得られると，すべての LR 構文解析は，つぎの共通の手順で実行できる．$top(stack)$ はスタック $stack$ の最上段を示している．

```
let stack=開始状態だけをプッシュしたスタック in
  for 各トークン tok do
    table.(top(stack)).(tok) の動作を実行
  done
```

表 4.7　LR(0) 構文解析表

	id	num	+	(	)	$	S	E	F
1	s3						g2		
2						a			
3				s4					
4		s9						g6	g5
5	r3	r3	r3	r3	r3	r3			
6			s8		s7				
7	r1	r1	r1	r1	r1	r1			
8		s9							g10
9	r4	r4	r4	r4	r4	r4			
10	r2	r2	r2	r2	r2	r2			

4.6.2　SLR 構文解析

図 4.26 の文法について，LR(0) 構文解析表を作成してみよう．

```
0   S  →  E $           2   E  →  F
1   E  →  F + E         3   F  →  num
```

図 4.26　LR(0) 構文解析表に競合が存在する文法

文法から得られる図 4.27 の DFA を基に構文解析表を作成すると，表 4.8 のようになる．(3,+) の動作を見てみると，「s4, r2」のようにシフト動作と還元動作が競合していることがわかる．すなわち，図 4.26 の文法は LR(0) ではなく，LR(0) 構文解析器を作成することができない．

このような競合が生じる一つの理由は，状態 3, 5, 6 のように，入力トークン

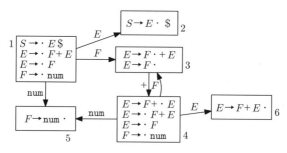

図 4.27　図 4.26 の文法の LR(0) オートマトン

表 4.8 図 4.26 の文法の LR(0) 構文解析表

	num	+	$	E	F
1	s5			g2	
2			a		
3	r2	s4,r2	r2		
4	s5			g6	g3
5	r3	r3	r3	r3	r3
6	r1	r1	r1	r1	r1

に関係なく還元動作が必要になるので，シフト動作と競合しやすいからである．

LR(0) 構文解析で生じる競合は，$X \to \alpha$ の還元を，表中の FOLLOW(X) の列に制限するだけで回避できる場合がある．この単純な拡張を **SLR** (Simple LR) という．SLR は，つぎのように還元の記述を制限するだけで，ほかは LR(0) と同じである．

```
let r = ∅
for t 中の各状態 i について do
  for i 中の各項 X → α· について do
    for 各トークン a ∈FOLLOW(X) について do
      r := r ∪ {(i,a, X → α)}
    done
  done
done
```

SLR の構文解析表は，$(i, a, X \to \alpha)$ を基に，LR(0) 構文解析表の (i, a) にだけ $X \to \alpha$ の還元動作を記述すればよい．

4.6.3 LR(1) 構文解析

SLR は，LR(0) の単純な拡張で実践的な構文解析器を実現できる．一部のプログラミング言語の文法は SLR に属しているが，SLR で文法を記述できない多くのプログラミング言語が存在する．図 **4.28**(a) の文法を考えてみよう．

図 (a) から LR(0) オートマトンを作成してみると，図 (b) の状態が含まれることがわかる．この状態は，LR(0) でシフトと還元の競合を生じる．また，FOLLOW(T)= {$,+} から，SLR でも，+ のシフトと先読み {$,+} で許される還元が競合しているのがわかる．すなわち，図 4.28 から構文解析器を実現

0	S	$\rightarrow$	$E\$$	3	T	$\rightarrow$	F
1	E	$\rightarrow$	$F+T$	4	F	$\rightarrow$	$-T$
2	E	$\rightarrow$	T	5	F	$\rightarrow$	num

(a)

$$\xrightarrow{F} \boxed{\begin{array}{lcl} E & \rightarrow & F \cdot + T \\ T & \rightarrow & F \cdot \end{array}} \xrightarrow{+}$$

(b)

図 4.28　SLR ではないが，LR(1) である文法

するためには，より強力な構文解析法が必要である。

LR(1) 構文解析法は，文脈自由文法で記述するほとんどのプログラミング言語の文法を扱うことができる。実際，図 4.28 の文法も LR(1) に属している。LR(1) は，LR(0) と先読みの数が異なることからわかるように，還元に際して，1 トークン先読みをする。LR(1) の強力さは，この先読みの精密な計算に基づいている。

LR(1) 構文解析器の実現では，LR(0) 構文解析器と同様に，DFA を作成し，それを基に構文解析表を作成する。DFA を作成する際に用いる項は，生成規則にドットを付加した LR(0) 項に，さらに先読み記号を加えた形式 ($X \rightarrow \alpha \cdot \beta, z$) を持つ。これを **LR(1) 項** (LR(1) item) という。z は，ドットが最後にきたときに還元の先読みになる。すなわち，LR(1) 項集合の閉包は，LR(0) 項に加え，先読みを計算する必要がある。

例えば，LR(1) 項 ($X \rightarrow \alpha \cdot Y\beta, z$) の閉包を考えよう。ドットが非終端記号 Y の前にあることから，LR(0) 項であれば，Y を左辺としてもつ「$Y \rightarrow \cdot \gamma$」を加えることになる。ここで，$Y$ が現れる文脈では，β の記号列が続き，さらに先読みの z が続くことがわかる。すなわち，新たに閉包に加える LR(1) 項 ($Y \rightarrow \cdot\gamma, w$) の先読み w は，記号列 βz の先頭である FIRST(βz) になる。LR(1) 項集合の閉包と遷移を計算する `closure` と `trans` は，それぞれ図 4.29 のようになる。

最終的に，DFA を作成するアルゴリズムは，図 4.30 のようになる。

```
let rec closure(i) =
    for 状態 i 中の各項 (X → α·Yβ, z) について do
        for 各生成規則 Y → γ について do
            for 各 w ∈ FIRST(βz) do
                i := i ∪ {(Y → ·γ, w)}
            done
        done
    done
    if i に変化がある then
        closure(i)
    else i

let trans(i, Y) =
    let j = ∅ in
    for 状態 i 中の各項 (X → α· Yβ, z) について do
        j := j ∪ {(X → α Y ·β, z)}
    done;
    closure(j)
```

図 **4.29** closure と trans

```
let t = {closure({(S' → · S $, ?)})}
let e = ∅
do
    for t 中の各状態 i について do
        for i 中の各項 (X → α· Yβ, z) do
            let j = trans(i, Y) in
            t := t ∪ {j};
            e := e ∪ {i →^X j};
        done
    done
while t か e に変化あり done
```

図 **4.30** DFA を作成するアルゴリズム

開始状態が, 項 $(S' → S \$, ?)$ の閉包になることに注意してほしい。「?」は, 仮の先読みとして用いているだけであり, 「\$」がシフトされないことから, 「?」が参照されることはない。

還元動作の計算は, LR(0) と同様に, ドットが最後にきている項 $(X → α·, z)$ に注目し, $(i, z, X → α)$ として r に記録する (図 **4.31**)。これは, 構文解析表中の (i, z) に $X → α$ の還元動作を記述することを意味する。

```
let r = ∅
for t 中の各状態 i について do
  for i 中の各項 (X → α·, z) について do
    r := r ∪ {(i, z, X → α)}
  done
done
```

図 **4.31** 還元動作の計算

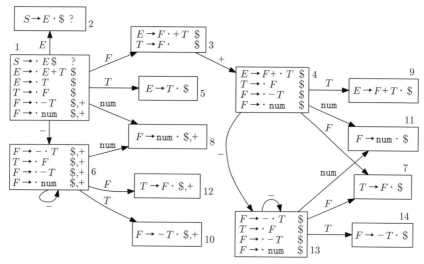

図 **4.32** 図 4.28(a) の LR(1) オートマトン

図 4.28(a) から，LR(1) の構文解析表を作成してみよう．まず，図 **4.32** に，LR(1) の DFA を示す．ここで，図を簡略化するために，各状態で，先読みだけが異なる項を一つの項として図 **4.33** に示すように略記している．例えば，状態 1 は，図 (a) のように記述しているが，図 (b) の閉包を略記したものなので，注意して欲しい．

図 4.32 の DFA に基づいて作成した構文解析表を**表 4.9** に示す．構文解析表に示した動作は，LR(0) のときと同じである．図 4.32 の状態 3 では，SLR で競合を生じたが，構文解析表の状態 3 の行が示すように，LR(1) では，競合を生じないことがわかる．

4.6 LR 構文解析

$$
\begin{array}{|llll|}
\hline
S & \to & \cdot E\,\$ & ? \\
E & \to & \cdot F+T & \$ \\
E & \to & \cdot T & \$ \\
T & \to & \cdot F & \$ \\
F & \to & \cdot -T & \$,+ \\
F & \to & \cdot \text{num} & \$,+ \\
\hline
\end{array}
$$

(a)

$$
\begin{array}{|llll|}
\hline
S & \to & \cdot E\,\$ & ? \\
E & \to & \cdot F+T & \$ \\
E & \to & \cdot T & \$ \\
T & \to & \cdot F & \$ \\
F & \to & \cdot -T & \pm \\
F & \to & \cdot \text{num} & \pm \\
F & \to & \cdot -T & \$ \\
F & \to & \cdot \text{num} & \$ \\
\hline
\end{array}
$$

(b)

図 **4.33**

表 **4.9** 図 4.28(a) の LR(1) 構文解析表

	num	−	+	$	E	T	F
1	s8	s6			g2	g5	g3
2				a			
3			s4	r3			
4	s11	s13				g9	g7
5				r2			
6	s8	s6				g10	g12
7				r3			
8			r5	r5			
9				r1			
10			r4	r4			
11				r5			
12			r3	r3			
13	s11	s13				g14	g7
14				r4			

4.6.4 LALR(1) 構文解析

LR(1) オートマトンは，先読みによって状態を区別するので，状態数が多くなり，LR(1) 構文解析表が大きくなりすぎる可能性がある．そこで，先読みを除いて同じ項集合になっている複数の状態を一つにすることによって，状態数を減らした構文解析法がよく用いられる．これを，**LALR(1)**（先読み LR(1)，Look–Ahead LR(1)）**構文解析**という．

図 4.32 の LR(1) オートマトンでは，状態 6 と 13，状態 7 と 12，状態 8 と 11，状態 10 と 14 が，それぞれ，先読みを除いて同じである．これらの状態を，

それぞれ併合して一つにした DFA を図 4.34 に示す。併合した状態には，状態番号の右に併合前の状態番号の組を併記してある。

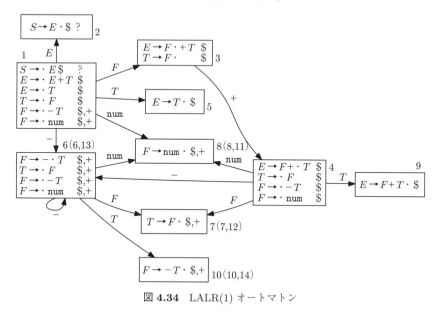

図 4.34　LALR(1) オートマトン

この DFA を基に構文解析表を作成すると，表 4.10 のようになる。表 4.9 と比較すると，表が小さくなっているのがわかる。

LALR(1) では，LR(1) で区別されていた状態を一部併合しているので，表が小さくなる代わりに，構文解析できる文法のクラスは LR(1) より小さくなる。

表 4.10　図 4.28(a) の LALR(1) 構文解析表

	num	−	+	$	E	T	F
1	s8	s6			g2	g5	g3
2				a			
3			s4	r3			
4	s8	s6				g9	g7
5				r2			
6	s8	s6				g10	g7
7			r3	r3			
8			r5	r5			
9				r1			
10			r4	r4			

しかしながら，実践的に見て，LR(1) で競合が生じない場合に，LALR(1) で競合が生じることはまれである．このような理由から，LALR(1) は，多くの構文解析器を自動生成するツールに採用されている．

4.6.5 文法クラスの関係

文法 G に基づいて作成した LR(1) 構文解析表が競合を含まないとき，G は，LR(1) 文法であるという．同様に，LL(0)，LL(1)，LL(k)，LR(0)，SLR，LALR(1)，LR(1)，LR(k) の各文法が定義できる．

図 4.35 にこれらの文法クラスの関係を示す．LR(1) が LR(0) を含む関係では LR(0) は LR(1) であるが，その逆は成り立たない．LL と LR のそれぞれの文法では，先読みの数が多いほど文法クラスが大きいことがわかる．LR(0) と LR(1) の間にある SLR と LALR(1) は，SLR $\subset$ LALR(1) の関係を満たしている．また，同じ先読みの数でいえば LR が LL を含んでいることがわかる．

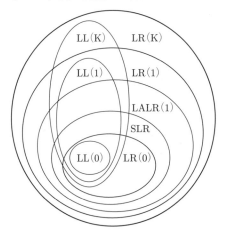

図 4.35 文法クラスの関係
(曖昧でない文法)

4.7　Yacc と Simple 言語の構文解析器の実現

LR 構文解析器を作成するためには，煩雑な作業が必要である．一方で，その作業は，決まった手順によって実行できるので，自動化することができる．こ

のような理由で，LR 構文解析系は，**構文解析器生成系**(parser generator) を用いて作成されることがほとんどである。

LR 構文解析器生成系の中で最も一般的なものは，**Yacc**（もう一つのコンパイラコンパイラ，Yet Another Compiler Compiler）である。Yacc は，文脈自由文法を入力として，LALR(1) の構文解析器を生成する。初期の Yacc が生成する構文解析器は，C 言語で記述されていたが，Yacc の普及とともに，いろいろな言語向けのものを利用できるようになった。OCaml で記述した構文解析器を生成する **OCamlyacc** もその一つである（図 **4.36**）。

図 **4.36** 構文解析器の作成手順

4.7.1 OCamlyacc の概観

OCamlyacc の記述は，つぎの頭部，宣言部，文法規則部，末尾部の四つの部分に分かれる。

```
%{
        頭部
%}
        宣言部
%%
        文法規則部
%%
        末尾部
```

頭部と末尾部は，OCaml のコードをそのまま記述する。記述したコードは，それぞれ，生成されるファイルの先頭と末尾にコピーされる。多くの場合，頭部には，文法規則部の意味動作で共通に利用する関数や宣言を記述する。末尾部は，生成された構文解析器を利用するコードを記述する。

宣言部は，つぎの % から始まる宣言を，1 行に一つ記述する。

- トークン宣言：%token<*typexpr*> *constr* ⋯ *constr*

  記号 *constr* ⋯ *constr* をトークンとして宣言する。各トークンに属性を付加する場合は *typexpr* に属性の型を指定する（<*typexpr*>は省略できる）。

- 開始記号宣言：%start *symbol* ⋯ *symbol*

  記号 *symbol* ⋯ *symbol* を文法の開始記号として宣言する。生成される構文解析関数の名前になる。

- 非終端記号の属性宣言：%type <*typexpr*> *symbol* ⋯ *symbol*

  非終端記号 *symbol* ⋯ *symbol* に *typexpr* 型の属性を付加する。%start で宣言した記号には，必ず%type が必要であるが，ほかの非終端記号の属性の型は推論されるので，多くの場合，指定する必要はない。typexpr は省略できるが，< > は省略できないので注意が必要である。

- 優先順位宣言：%left，%right，%nonassoc

  %left *symbol* ⋯ *symbol*
  %right *symbol* ⋯ *symbol*
  %nonassoc *symbol* ⋯ *symbol*

  symbol ⋯ *symbol* に対して，それぞれ，左結合（%left），右結合（%right），結合なし（%nonassoc）を宣言する。下に宣言したものほど，結合力が強くなる。%prec を使うと，生成規則ごとに結合力を指定できる。

文法規則部は，つぎに示すような **BNF** 形式（バッカス・ナウア形式，Backus-Naur form）で，文脈自由文法を記述する。

　　nonterminal :
　　　　symbol ⋯ *symbol* { 意味動作 }
　　　| *symbol* ⋯ *symbol* { 意味動作 }
　　　　...
　　　| *symbol* ⋯ *symbol* { 意味動作 }
　　　;

BNF 形式では，左辺に同じ非終端記号を持つ生成規則をまとめて記述する。それぞれの右辺は，「|」を用いて並べる。生成規則が還元されるときには，対応する**意味動作**が実行される。意味動作には，OCaml のコードを記述することができる。このような各生成規則にプログラム片を関連づける方法を**翻訳スキーム**という。また，右辺の記号 $symbol_1$ $symbol_2$ ... $symbol_n$ に付随する属

性値を，$1, $2, ⋯, $n で参照することができる。意味動作の結果は，左辺の記号 nonterminal の属性になる。

図 4.37 に，OCamlyacc で記述した計算機を示す。文法規則部は，図 4.38 の文法に基づいている。

開始記号は prog なので，%start prog を指定している。この指定によって，

```
%token <int> NUM
%token PLUS MINUS TIMES DIV LP RP EOL

%start prog
%type <int> prog

%%

prog: expr EOL          { $1 }
    ;

expr: expr PLUS term    { $1 + $3 }
    | expr MINUS term   { $1 - $3 }
    | term              { $1 }
    ;

term: term TIMES factor { $1 * $3 }
    | term DIV factor   { $1 / $3 }
    | factor            { $1 }
    ;

factor: NUM             { $1 }
    | LP expr RP        { $2 }
    ;

%%
```

図 4.37　OCamlyacc で記述した計算機

$prog$	$\rightarrow$	$expr\ \$$	$term$	$\rightarrow$	$term * factor$
			$term$	$\rightarrow$	$term\ /\ factor$
$expr$	$\rightarrow$	$expr + term$	$factor$	$\rightarrow$	num
$expr$	$\rightarrow$	$expr - term$	$factor$	$\rightarrow$	$(\ expr\ )$

図 4.38　計算機の文法

4.7 Yacc と Simple 言語の構文解析器の実現

構文解析器となる関数の名前が prog になる。「%token PLUS MINUS TIMES DIV LP RP EOL」は，+，−，*，/，(，)，$ のそれぞれに対応するトークンを宣言している。num のトークンである NUM は，字句解析器によって実際の整数値が属性として付加される。この属性の型は，%token <int> によって指定する。非終端記号の factor, term, expr, prog も計算結果の整数値を属性として持つので，属性の型を指定する必要がある。図 4.37 では，%type <int> prog によって開始記号についてだけ属性の型を指定している。そのほかの記号につい

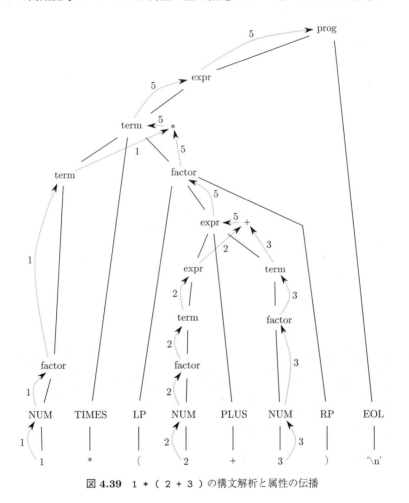

図 4.39　1 * (2 + 3) の構文解析と属性の伝播

ては推論されるので指定する必要はない。各意味動作では，還元の際に，オペランドに相当する記号から属性値を取り出し，対応する計算を行う。計算結果は，還元後の記号に属性値として付加される。

図 4.39 に，1 * (2 + 3) を入力した際の解析木と属性の伝わり方を示す。点線矢印は，属性の伝播を表している。還元の際に，必要に応じて新しい属性値を計算しながら，下から上に伝播していくのがわかる。

4.7.2　曖昧な文法の利用

優先順位宣言部では，トークン $\oplus$ の結合力を優先順位を用いて指定する。$\oplus$ が，生成規則 $X \rightarrow \alpha \oplus \beta$ の最も右の終端記号であるなら，この生成規則は $\oplus$ の優先順位を持つ。

$X \rightarrow \alpha \oplus \beta$ の還元とトークン $\otimes$ のシフトが競合している場合，OCamlyacc は，$\oplus$ と $\otimes$ の優先順位の関係に基づいて，競合を解決する。すなわち，$\oplus > \otimes$ なら還元によって解決し，$\oplus < \otimes$ ならシフトによって解決する。また，$\oplus = \otimes$ の場合は，左結合(%left)と指定されているなら還元で解決し，右結合(%right)と指定されているならシフトで解決する。結合方向なし(%nonassoc)ならエラーとみなす。

図 4.40 は，図 4.38 に符号反転演算子を加えた曖昧な文法を表している。優先順位宣言を用いると，図 4.40 の文法で生じるシフト還元競合を解決することができる。すなわち，優先順位宣言を利用することによって，文法規則を簡素化することができる。

$$
\begin{array}{lcl}
prog & \rightarrow & expr\ \$ \\
expr & \rightarrow & expr + expr \\
expr & \rightarrow & expr - expr \\
expr & \rightarrow & expr * expr \\
expr & \rightarrow & expr\ /\ expr \\
expr & \rightarrow & \text{num} \\
expr & \rightarrow & (\ expr\ ) \\
expr & \rightarrow & -\ expr
\end{array}
$$

図 4.40　計算機の曖昧な文法

4.7 Yacc と Simple 言語の構文解析器の実現

図4.41に，優先順位宣言を用いた OCamlyacc 記述を示す。PLUS, MINUS, TIMES, DIV は左結合として宣言している。UMINUS は，字句解析器から渡されることのない仮のトークンであり，結合なしとして宣言している。結合力の強さは下に宣言するほど強くなるので，UMINUS > TIMES = DIV > PLUS = MINUS と指定していることになる。符号反転に用いる MINUS は，%prec UMINUS を生成規則の最後に記述することによって，減算で用いる場合より強い結合力（UMINUS と同じ）に指定することができる。

```
/* File parser0.mly */
%token<int> NUM
%token PLUS MINUS TIMES DIV LP RP EOL

%left PLUS MINUS          /* 最低優先順位 */
%left TIMES DIV           /* 中間優先順位 */
%nonassoc UMINUS          /* 最高優先順位 */

%start prog
%type <int> prog
%%
prog: expr EOL            { $1 }
    ;
expr: NUM                 { $1 }
    | LP expr RP          { $2 }
    | expr PLUS expr      { $1 + $3 }
    | expr MINUS expr     { $1 - $3 }
    | expr TIMES expr     { $1 * $3 }
    | expr DIV expr       { $1 / $3 }
    | MINUS expr %prec UMINUS { -$2 }
    ;
```

図4.41 優先順位宣言を用いた OCamlyacc 記述（ファイル parser0.mly）

OCamlyacc がどのように競合を解決したかは，構文解析表を調べることによって知ることができる。構文解析表の情報は，つぎのようにコマンド ocamlyacc にオプション「-v」を指定することによって，出力ファイルとして得られる。

```
ocamlyacc -v parser.mly
```

OCamlyacc の記述ファイルが parser.mly である場合，出力ファイル parser.output が生成される。図4.41 の記述から生成される出力ファイルを

```
state 16
        expr : expr . PLUS expr    (4)
        expr : expr PLUS expr .    (4)
        expr : expr . MINUS expr   (5)
        expr : expr . TIMES expr   (6)
        expr : expr . DIV expr     (7)

        TIMES  shift 12
        DIV    shift 13
        PLUS   reduce 4
        MINUS  reduce 4
        RP     reduce 4
        EOL    reduce 4
```

図 **4.42**　図 4.41 (parser0.mly) から生成される出力ファイル (parser0.output)

見てみると，加算の生成規則が還元される状態は図 **4.42** のように記述される。

　加算の規則 4 は，先読みが PLUS と MINUS のときに還元であることがわかる。これは，結合力が同じ演算子が先読みである場合，左結合の指示 (%left) によって，還元が採用されることがわかる。逆に，先読みが，TIMES や DIV のように結合力が強い場合は，シフトが採用される。

　OCamlyacc は，構文解析表に競合が残っている場合でも，つぎの暗黙の規則によって，競合を解決する。

- シフト還元競合：シフト動作を採用する。
- 還元還元競合：OCamlyacc の記述で，はじめのほうに記述されている生成規則を還元する。

　これらの暗黙規則による競合解決は，コンパイラ作成者の意図どおりに動作するとは限らない。細心の注意を払ったうえで，問題を生じないことが知られている場合に利用するのがよい。

　ぶらさがり else (dangling else) と呼ばれる if 文の構文は，シフト還元競合の暗黙規則で，正常に動作することが知られている。

　つぎの文法は，ぶらさがり else を含んでいる。

$$
\begin{array}{llll}
0 & S' & \to & S\ \$ \\
1 & S & \to & \text{id} = \text{id} \\
2 & S & \to & \text{if id then } S \\
3 & S & \to & \text{if id then } S \text{ else } S
\end{array}
$$

字句解析器から,「if id then if id then id = id else id = id」のトークン列が渡されたとすると,この文法では,つぎの2とおりの解釈ができる。ここで,各 else は,インデントが一致する if と対をなしているものとする。

```
if id then                    if id then
    if id then                    if id then
        id = id                       id = id
    else id = id                  else id = id
```

この解釈の違いは,先読みが else のときに,2番目の if 文をどう扱うかによって生じる。左の解釈は,生成規則2によって還元することを意味し,右の解釈は,else をシフトすることを意味する。多くのプログラミング言語は,右の解釈を用いている。すなわち,この場合,暗黙規則によってシフト動作が採用され,正しく解析されることがわかる。

4.7.3 OCamlyacc のエラー回復

OCamlyacc では,文法規則部に **error** トークン (error token) を指定することによって,エラー回復の仕方を指定することができる。

例えば,文法規則部がつぎのように記述されている場合

```
expr   : expr PLUS expr
       | ID
       | LP expr RP
       ;

exprs  : expr
       | exprs SEMI expr
       ;
```

つぎのように,error トークンを含む生成規則を付加する。

```
expr   : expr PLUS expr
       | ID
       | LP expr RP
       | LP error RP
       ;

exprs  : expr
       | exprs SEMI expr
       | error SEMI  exp
```

;

いったんエラーを生じると，OCamlyacc が生成した構文解析器はエラーモードに入る．エラーモードでは，つぎのステップによってエラー回復を行う．

① error トークンをシフトできるようになるまで，スタック上の状態を捨てる．
② error トークンをシフトする．
③ 受け付けられる連続した三つのトークン X Y Z が現れるまで，入力トークンを捨てる．
④ X Y Z が現れれば，先頭のトークン X を入力トークンとして構文解析を再開する．
⑤ X Y Z が現れなければ，`Parsing.Parse_error` の例外を発生して，構文解析を中止する．

error トークンは，区切り記号のようなよく現れるトークンの前に指定するのがよい．「expr → error」のように，error トークンのあとにほかのトークンが続かない指定は，トークンを読み進めることなく還元を生じ，ほかのエラーを引き起こす可能性がある．このような指定には注意が必要である．

4.7.4 OCamllex との連携

OCamlyacc が生成する構文解析器は，OCamllex が生成する字句解析器を利用することができる．

図 4.41（ファイル `parser0.mly`）の OCamlyacc 記述と連携する OCamllex 記述を図 **4.43**（ファイル `lexer0.mll`）に示す．トークンは `parser0.mly` で宣言しているので，OCamlyacc が生成するファイルを，OCamllex が生成する字句解析器で参照できるように，lexer0.mll の頭部で Parser0 をオープンする（`open Parser0`）．これによって，lexer0.mll の各動作で，トークンを利用できるようになる．

図 **4.44**（ファイル `calc0.ml`）に，実行全体を制御する主プログラムを示す．「`Parser0.prog Lexer0.token lexbuf`」が，構文解析器の呼出しである．引数として，字句解析器 `Lexer0.token` とファイルからの入力バッファを渡す．

4.7 Yacc と Simple 言語の構文解析器の実現

```
(* File lexer0.mll *)
{
  open Parser0    (* トークンの宣言は parser0.mly に記述されている *)
  exception Eof
}

rule token = parse
    ['0'-'9']+ as v1  { NUM (int_of_string(v1)) }
  | '+'               { PLUS }
  | '-'               { MINUS }
  | '*'               { TIMES }
  | '/'               { DIV }
  | '('               { LP }
  | ')'               { RP }
  | [' ' '\t']        { token lexbuf }      (* skip blanks *)
  | ['\n' ]           { EOL }
  | eof               { raise Eof }
```

図 4.43 図 4.41（ファイル parser0.mly）と連携する OCamllex 記述（ファイル lexer0.mll）

```
(* File calc0.ml *)
let _ =
    try
      let lexbuf = Lexing.from_channel stdin in
        while true do
          let rlt = Parser0.prog Lexer0.token lexbuf in
            print_int rlt; print_newline(); flush stdout
        done
    with Lexer0.Eof -> exit 0
```

図 4.44 主プログラム（ファイル calc0.ml）

入力バッファは，「Lexing.from_channel stdin」によって，標準入力から生成している。

この構文解析器は，1 行ごとに呼び出され，その結果 rlt が印字される。「flush stdout」は，印字のたびに標準出力をフラッシュする。

これらのファイルから実行ファイルを作成する手順を示す。まず，「ocamllex lexer0.mll」によって，lexer0.mll から lexer0.ml を生成し，「ocamlyacc parser0.mly」によって，parser0.ml と parser0.mli を生成する。

そろった OCaml のファイルは,「`ocamlc -c`」によってオブジェクトコードにコンパイルする。`parser0.mli` は,`parser0.ml` のインタフェースなので,`parser0.ml` より先に処理する。

最終的に,すべてのオブジェクトコードをリンクし,実行ファイル `calc0` を生成する。一連の作業は,つぎのとおりである。

```
― 実行ファイルの作成 ―――――――――――――
> ocamllex lexer0.mll ⏎
> ocamlyacc parser0.mly ⏎
> ocamlc -c parser0.mli ⏎
> ocamlc -c lexer0.ml ⏎
> ocamlc -c parser0.ml ⏎
> ocamlc -c calc0.ml ⏎
> ocamlc -o calc0 lexer0.cmo parser0.cmo calc0.cmo ⏎
```

`calc0` は,つぎのようにコマンドとして実行する。

```
― 実 行 ―――――――――――――
> calc0 ⏎
```

4.8 抽象構文木

前節で,OCamlyacc の翻訳スキームを用いてインタプリタを実現する方法を示した。翻訳スキームは,構文解析の順序に従って,生成規則に関連づけたプログラム片を実行する。同様の方法で,目的コードを生成することもできるかもしれない。しかしながら,すべての解析を構文解析の順序で行わなければならなくなり,効率的な実現が難しくなる可能性がある。また,このようにしてできあがったコンパイラは,原始言語と目的言語の両者に強く依存しており,可読性の面でも,保守性の面でも問題を含んでいる。

そこで,実践的な多くのコンパイラでは,**抽象構文木** (abstract syntax tree

4.8 抽象構文木

というプログラムの木表現を用いて，構文解析と意味解析以降を分離する。以下，文脈から意味が明らかな場合には，抽象構文木を単に**構文木**(syntax tree) と呼ぶ。

構文木は，内部節点が演算子のようなプログラム要素を表し，その子どもがオペランドのような副要素を表す木表現である。よく似た木表現に解析木があるが，解析木は，内部節点が非終端記号を表し，葉がトークンを表す。非終端記号は，多くの場合プログラム要素を表しているが，式に対して導入される項や因子のように，文法上の都合（この場合，演算子の強さの違いを表す）で導入されるものも少なくない。また，解析木の葉はトークンなので，区切り記号や括弧のような，プログラム表現上意味のないものを多く含んでいる。このような理由で，解析木を**具象構文木**(concrete syntax tree) と呼ぶこともある。

例えば，図 4.3 の解析木に対して，構文木は図 **4.45** のようになる。

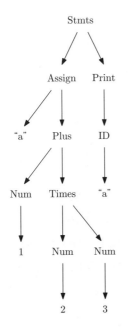

図 **4.45** 図 4.3 の解析木に対する構文木

構文上の問題は，構文木を生成するまでに解決されているので，意味解析以降の解析は，原始言語の構文を考慮することなく，構文木だけで行うことができる。一方で，構文木上でエラーが見つかった場合，エラーの位置情報を原始プログラムから直接得ることは難しい。したがって，実践的なコンパイラでは，構文木の各節点に位置情報を付加することが多い。本書では，構文木の構造を単純にしておくために，位置情報は扱わない。

- **構文木を生成する意味動作**　構文木は，2.6 節で示したように，バリアント型の値構成子を用いて記述することができる。四則演算言語の構文木は，図 4.46 のバリアント型で表現できた。

```
type id = string
type op = Plus | Minus | Times | Div ;;
type stmt = Stmts of stmt * stmt
          | Assign of id * exp
          | Print of exp
and exp = Id of id
        | Num of int
        | Plus of exp * exp
        | Minus of exp * exp
        | Times of exp * exp
        | Div of exp * exp
```

図 4.46　四則演算言語の構文木

いったん，構文木のバリアント型が与えられると，OCamlyacc の意味動作に値構成子を指定するだけで，構文木を生成することができる。値構成子の引数には，属性として得られる副構文木を指定する。値構成子自身は，新しい構文木の節点となるので，ボトムアップに構文木を生成していくことができる。

図 4.47 に，四則演算言語の構文木を生成する OCamlyacc の記述を示す。

規則部は，図 4.1 に開始記号 *Prog* を加えた曖昧な文法を基にしている。曖昧性は，トークンの優先順位と結合方向で解決している。

意味動作は，生成規則に対応するプログラム要素を値構成子で指定し，その引数に，属性から得られる副構文木を指定する。「s SEMI s」の意味動作「Interp.Stmts ($1,$3)」は，文の並びのまとめ方によって異なる構文木が

```
(* File parser1.mly *)
%token<int> NUM
%token<string> ID
%token PLUS MINUS TIMES DIV ASSIGN PRINT LP RP SEMI EOL
%right SEMI
%left PLUS MINUS
%left TIMES DIV

%start prog
%type <Interp.stmt> prog

%%

prog: s EOL              { $1 }
    ;

s   : s SEMI s           { Interp.Stmts ($1,$3) }
    | ID ASSIGN e        { Interp.Assign ($1,$3) }
    | PRINT LP e RP      { Interp.Print ($3) }
    ;

e   : ID                 { Interp.Id $1 }
    | NUM                { Interp.Num $1 }
    | LP e RP            { $2 }
    | e PLUS e           { Interp.Plus ($1,$3) }
    | e MINUS e          { Interp.Minus ($1,$3) }
    | e TIMES e          { Interp.Times ($1,$3) }
    | e DIV e            { Interp.Div ($1,$3) }
    ;
```

図 4.47　四則演算言語の構文木を生成する意味動作

生成されるので，注意が必要である。

図 4.47 では，「Stmts(文$_1$,Stmts(文$_2$,…))」の形式の構文木が得られることを仮定しているので，「;」のトークン SEMI を右結合で定義していることに注意して欲しい。最終的に，プログラム全体の構文木が，開始記号の属性として得られる。

図 4.47 の振舞いを確認するために，OCamllex のコード（図 4.48）と主プログラム（図 4.49）を示しておく。主プログラムでは，構文解析の結果得られ

```
(* File lexer1.mll *)
{
  open Parser1
  exception Eof
}

let id = ['a'-'z'] ['a'-'z' '0'-'9']*

rule token = parse
    ['0'-'9']+ as vl { NUM (int_of_string(vl)) }
  | "print"          { PRINT }
  | id    as str     { ID str }
  | '='              { ASSIGN }
  | '+'              { PLUS }
  | '-'              { MINUS }
  | '*'              { TIMES }
  | '/'              { DIV }
  | '('              { LP }
  | ')'              { RP }
  | ';'              { SEMI }
  | [' ' '\t']       { token lexbuf }
  | '\n'             { EOL }
  | eof              { raise Eof }
```

図 4.48 四則演算言語の字句解析器（ファイル lexer1.mll）

```
(* File calc1.ml *)
let _ =
    try
      let lexbuf = Lexing.from_channel stdin in
          while true do
              let rlt = Parser1.prog Lexer1.token lexbuf in
                let _ = Interp.interp rlt in flush stdout
          done
    with Lexer1.Eof -> exit 0
```

図 4.49 四則演算言語の主プログラム（ファイル calc1.ml）

た構文木を，2.6 節で示したインタプリタ interp に渡して解釈するようにしてある。

インタプリタの実行ファイル calc1 はつぎのように作成する。

─── 四則演算インタプリタの実行形式の作成 ───
```
> ocamllex lexer1.mll  ⏎
> ocamlyacc parser1.mly  ⏎
> ocamlc -c interp.ml  ⏎
> ocamlc -c parser1.mli  ⏎
> ocamlc -c lexer1.ml  ⏎
> ocamlc -c parser1.ml  ⏎
> ocamlc -c calc1.ml  ⏎
> ocamlc -o calc1 interp.cmo lexer1.cmo parser1.cmo calc1.cmo  ⏎
```

calc1 の実行を示す。calc1 を実行すると，入力待ちの状態になるので，標準入力から四則演算言語のプログラムを入力する。プログラムの終りに改行を入力すると，つぎのように print 文で指示された計算結果が印字される。

─── 四則演算インタプリタの実行 ───
```
> calc1  ⏎
x = 1 + 5 * 10 / 2; print(x)  ⏎
26
```

4.9 Simple コンパイラの構文解析

つぎに，Simple 言語の構文解析器を作成してみよう。Simple 言語のプログラムは，「;」を末尾に持つ一つの文からなる。例えば

```
x = 1 + 2;
```

は，Simple 言語のプログラムである。複数の文を「{」と「}」でくくってひとまとめにするブロックも一つの文なので，複雑なプログラムを記述する場合は，このブロック文を使う。図 4.50 にブロック文を用いた階乗を計算するプログラムを示す。

ブロックの先頭には，変数や型の宣言，および関数の定義を記述できる。2 行目では，変数を宣言している。Simple 言語では，整数型の変数の他，整数型の 1 次元配列を宣言できる。3〜5 行目は，関数定義である。ブロック文として実

```
1  {
2      int x;
3      int fact (int x) {
4          if  (x == 0)  return 1; else return x * fact(x-1);
5      }
6
7      scan(x);
8      iprint(fact(x));
9  }
```

図 **4.50** 階乗を計算する Simple 言語のプログラム（行頭の番号は，プログラムの一部ではない）。

行されるのは，7〜8行目の文の並びである．関数の本体もブロック文と同じ構造を持つので，関数の本体の中に関数を入れ子に定義ができる．

入出力は，予約語になっている特殊関数 scan, iprint, sprint を用いて行う．scan は，標準入力から整数値を受け付け，引数に指定した変数に代入する．iprint と sprint は，それぞれ整数値と文字列を標準出力に印字する．

制御文は，if 文と while 文を持ち，それぞれの条件には，C 言語風に関係演算を記述する．計算式は，代入文の右辺のほか，いくつかの場所で整数型の四則演算を記述できる．詳しくは，付録に示す Simple 言語マニュアルを参照し

```
type var = Var of string | IndexedVar of var * exp
and stmt = Assign of var * exp
         | CallProc of string * (exp list)
         | Block of (dec list) * (stmt list)
         | If of exp * stmt * (stmt option)
         | While of exp * stmt
         | NilStmt
and exp = VarExp of var | StrExp of string | IntExp of int
         | CallFunc of string * (exp list)
and dec = FuncDec of string * ((typ*string) list) * typ * stmt
         | TypeDec of string * typ
         | VarDec of typ * string
and typ = NameTyp of string
         | ArrayTyp of int * typ
         | IntTyp
         | VoidTyp
```

図 **4.51** Simple 言語の構文木（ファイル calc1.ml）

4.9　Simple コンパイラの構文解析

て欲しい。

Simple コンパイラが生成する構文木を図 4.51 に示す。主要なプログラム要素が，どのような構文木に対応するか示そう。

4.9.1　文

Simple 言語のプログラムは，一つの文である。複数の文を記述したいときにはブロック文を用いる。各文を表す構文木の意味はつぎのとおりである。

- Assign(*var*,*exp*)：*exp* の値を *var* の場所に格納する代入文を表す。*exp* は式の構文木であり，*var* は変数の**左辺値** (lvalue) を表す構文木である。
- CallProc(*id*, [*exp*$_1$; *exp*$_2$; ⋯])：引数やオペランドを必要とする手続きの実行を表す。関数 *id* を，式 *exp*$_1$, *exp*$_2$, ⋯ を実引数として呼び出す。特殊文の構文木としても使用する。返戻値を無視することから，式の関数呼出しと区別して，以下，**手続き呼出し** (procedure call) と呼ぶ。
- If(*exp*,*stmt*$_1$,Some *stmt*$_2$)：if 文を表す。条件式 *exp* の結果が真なら *stmt*$_1$ を実行し，偽なら *stmt*$_2$ を実行する。*stmt*$_2$ を省略するときは，「Some *stmt*$_2$」の代わりに None にする。
- While(*exp*,*stmt*)：while 文を表す。*exp* が条件式を表し，*stmt* が繰り返し本体を表す。
- Block([*dec*$_1$;*dec*$_2$;⋯],[*stmt*$_1$; *stmt*$_2$; ⋯])：ブロック文を表す。宣言のリストと文のリストからなる。宣言は，変数宣言，型宣言，関数宣言のいずれかである。
- NilStmt：空文を表す。

例えば，文字列を印字するだけのプログラム

```
sprint ("Hello World!");
```

は，つぎのような構文木に変換する。

```
CallProc("sprint",[StrExp("Hello World!")])
```

sprint 文を含めた特殊文は手続き呼出し CallProc に変換する。sprint 文の引数は文字列なので，文字列値を表す StrExp を用いて「[StrExp("Hello

World!")]」のように指定する。

　複数の文は，ブロック文を用いて一つの文にする。つぎの例は，入力された整数値を変数xに格納し，そのまま印字するプログラムである。

   { int x; scan(x); iprint(x); }

このブロック文は，変数xの宣言と，二つの文scanとiprintを含んでいる。変換した構文木はつぎのとおりである。

```
Block([ VarDec(IntTyp,"x") ],
       [ CallProc("scan",[ VarExp((Var "x")) ]);
         CallProc("iprint",[ VarExp( (Var "x")) ]) ])
```

「VarDec(IntTyp,"x")」は変数xの宣言であり，「VarExp((Var "x"))」は，変数xの値（**右辺値**，rvalue）を表す。

4.9.2 宣　　　言

　宣言は，変数宣言，型宣言，関数宣言からなり，変数や関数に型を指定する。いずれの宣言もブロック文の先頭だけで許される。

　〔1〕**型**　　型を表現する構文木はつぎのとおりである。

  IntTyp：整数型を表す。

  VoidTyp：返戻値がないことを表す。

  ArrayTyp($size,typ$)：型 typ の要素，$size$ 個からなる1次元配列の型を
    表す。

  NameTyp id：型識別子 id として宣言された型を表す。

　〔2〕**型宣言**　　型宣言は，TypeDec(id,typ) のように，新しい型名と基になる型 typ で表現する。例えば，つぎの型宣言

  type T = int[10];

については，つぎの構文木が対応する。

  TypeDec("T",ArrayTyp(10,IntTyp))

　〔3〕**変数宣言**　　変数宣言は，VarDec(typ,id) のように，型 typ と変数名 id で表現する。例えば，型宣言

```
T x;
```
は，つぎの構文木が対応する。

```
VarDec(NameTyp "T","x")
```

〔4〕 **関数宣言**　関数宣言と本体の定義は，「FuncDec(id,[(typ_1, id_1); (typ_2, id_2); $\cdots$], typ_r, $stmt$)」のように四つ組で表現する。第1要素に関数名 id を指定し，第2要素に型 typ_i と仮引数 id_i の対をリストにして指定する。第3要素に返戻値の型 typ_r を指定し，最後に本体として一つの文を指定する。

例えば，つぎの関数宣言と本体の定義は

```
int add(int x, int y) { return x + y; }
```

つぎの構文木に対応する。

```
FuncDec(add, [(IntTyp,"x"); (IntTyp,"y"); ], IntTyp,
    Block([],[ CallProc("return",
        [ CallFunc("+",[VarExp((Var "x"));
            VarExp((Var "y")) ]) ]) ]))
```

4.9.3　左　辺　値

変数に値を代入するためには，その変数の格納場所が必要である。これを変数の左辺値という。Simple の構文木で扱う左辺値は，つぎの二つである。

- `Var` id：変数 id の格納場所を表す。
- `IndexedVar`(var,exp)：配列 var の exp 番目の要素の格納場所を表す。

例えば，つぎの代入文

```
a[5] = 0
```

に対応するのは，つぎの構文木である。

```
Assign(Indexed(Var "a",5), IntExp 0)
```

4.9.4　式

式の構文木は，変数，整数定数，文字列定数，関数呼出しの四つである。

〔1〕**変 数** 左辺値 var をもつ変数や配列要素を式として扱う場合，var に格納されている値を意味する。これを「`VarExp` var」と表現する。例えば，つぎの配列の要素を含む計算は

```
a[5] + 1
```

つぎの構文木に対応する。

```
CallFunc("+",[VarExp(IndexedVar(Var "a",IntExp 5)); IntExp 1])
```

〔2〕**整数定数** 整数定数は，その値を num として，構文木「`IntExp` num」で表現する。

〔3〕**文字列定数** 文字列定数は，その値を str として，構文木「`StrExp` str」で表現する。Simple 言語では，文字列定数を計算に用いることはできない。sprint 文の引数としてだけ許される。

〔4〕**関数呼出し** 関数呼出し，単項および 2 項演算，関係演算は，構文木 `CallFunc`(id, [exp_1; exp_2; $\cdots$]) で表す。id に関数名あるいは演算子を指定し，exp_1, exp_2, $\cdots$ に，実引数あるいはオペランドを指定する。id には

`"+"`, `"-"`, `"*"`, `"/"`, `"!"`, `">"`, `"<"`, `">="`, `"<="`, `"=="`, `"!="`

の演算子を指定できる。`"!"` は符号反転を表すのに用いている。

4.9.5 構文解析の実現

最後に，OCamlyacc で記述した Simple コンパイラの構文解析器を示そう。Simple 言語の文法は，付録 A.1 を参照されたい。

言語マニュアルに示した生成規則は，そのまま OCamlyacc の規則部で利用できる。実際，言語マニュアルから作成した図 4.52，図 4.53 のファイル parser.mly に OCamlyacc を適用すると，シフト還元競合一つを除いて競合は生じない。生じたシフト還元競合も，ぶらさがり else で生じたものなので無視してよい。

```
%{
/* File parser.mly */
open Ast
%}

%token <int> NUM
%token <string> STR ID
%token INT IF WHILE SPRINT IPRINT SCAN EQ NEQ GT LT GE LE ELSE RETURN NEW
%token PLUS MINUS TIMES DIV LB RB LS RS LP RP ASSIGN SEMI COMMA TYPE VOID

%nonassoc GT LT EQ NEQ GE LE
%left PLUS MINUS
%left TIMES DIV
%nonassoc UMINUS

%type <Ast.stmt> prog
%start prog

%%

prog : stmt     { $1 }
     ;
ty   : INT             { IntTyp }
     | INT LS NUM RS   { ArrayTyp ($3, IntTyp) }
     | ID              { NameTyp $1 }
     ;
decs : decs dec { $1@$2 }
     |          { [] }
     ;
dec  : ty ids SEMI                  { List.map (fun x -> VarDec ($1,x)) $2 }
     | TYPE ID ASSIGN ty SEMI       { [TypeDec ($2,$4)] }
     | ty ID LP fargs_opt RP block  { [FuncDec($2, $4, $1, $6)] }
     | VOID ID LP fargs_opt RP block { [FuncDec($2, $4, VoidTyp, $6)] }
     ;
ids  : ids COMMA ID    { $1@[$3] }
     | ID              { [$1] }
     ;
fargs_opt : /* empty */ { [] }
          | fargs       { $1 }
          ;
fargs: fargs COMMA ty ID   { $1@[($3,$4)] }
     | ty ID               { [($1,$2)] }
     ;
stmts: stmts stmt { $1@[$2] }
     | stmt       { [$1] }
     ;
```

図 **4.52** Simple コンパイラの構文解析器 (1)

```
stmt : ID ASSIGN expr SEMI              { Assign (Var $1, $3) }
     | ID LS expr RS ASSIGN expr SEMI   { Assign (IndexedVar (Var $1, $3),
                                           $6) }
     | IF LP cond RP stmt               { If ($3, $5, None) }
     | IF LP cond RP stmt ELSE stmt     { If ($3, $5, Some $7) }
     | WHILE LP cond RP stmt            { While ($3, $5) }
     | SPRINT LP STR RP SEMI            { CallProc ("sprint",
                                           [StrExp $3]) }
     | IPRINT LP expr RP SEMI           { CallProc ("iprint", [$3]) }
     | SCAN LP ID RP SEMI               { CallProc ("scan", [VarExp
                                           (Var $3)]) }
     | NEW LP ID RP SEMI                { CallProc ("new", [ VarExp
                                           (Var $3)]) }
     | ID LP aargs_opt RP SEMI          { CallProc ($1, $3) }
     | RETURN expr SEMI                 { CallProc ("return", [$2]) }
     | block                            { $1 }
     | SEMI                             { NilStmt }
     ;
aargs_opt: /* empty */     { [] }
         | aargs           { $1 }
         ;
aargs : aargs COMMA expr   { $1@[$3] }
      | expr               { [$1] }
      ;
block: LB decs stmts RB    { Block ($2, $3) }
     ;
expr : NUM                      { IntExp $1 }
     | ID                       { VarExp (Var $1) }
     | ID LP aargs_opt RP       { CallFunc ($1, $3) }
     | ID LS expr RS            { VarExp (IndexedVar (Var $1, $3)) }
     | expr PLUS expr           { CallFunc ("+", [$1; $3]) }
     | expr MINUS expr          { CallFunc ("-", [$1; $3]) }
     | expr TIMES expr          { CallFunc ("*", [$1; $3]) }
     | expr DIV expr            { CallFunc ("/", [$1; $3]) }
     | MINUS expr %prec UMINUS  { CallFunc("!", [$2]) }
     | LP expr RP               { $2 }
     ;
cond : expr EQ expr   { CallFunc ("==", [$1; $3]) }
     | expr NEQ expr  { CallFunc ("!=", [$1; $3]) }
     | expr GT expr   { CallFunc (">", [$1; $3]) }
     | expr LT expr   { CallFunc ("<", [$1; $3]) }
     | expr GE expr   { CallFunc (">=", [$1; $3]) }
     | expr LE expr   { CallFunc ("<=", [$1; $3]) }
     ;
%%
```

図 4.53 Simple コンパイラの構文解析器 (2)

5章 意味解析

◆本章のテーマ

構文解析が完了したあとは，使用されている各変数の情報を収集し，言語仕様に基づいた意味的な一貫性をチェックする．特に，変数の型の情報を調べ，型検査(type checking)をすることが重要である．

変数の情報を収集するためには，対応する宣言を見つけなければならない．そこで，宣言の情報を記号表(symbol table)と呼ばれる表に登録しておき，必要に応じて探索するようにする．

本章では，記号表の仕組みと実現法を述べたあと，記号表を使った型検査の方法と実現法を述べる．

◆本章の構成（キーワード）

5.1 記号表
　　有効範囲と記号表，記号表の実現，記号表の登録情報
5.2 型検査
　　型，式の型検査，宣言の処理

◆本章を学ぶと以下の内容をマスターできます

☞ 有効範囲と記号表の関係の理解
☞ 記号表の実現法
☞ 型の定義と利用

5.1 記号表

　記号表は，識別子と，その識別子に関連した型，格納場所，そのほかの情報を保持する．識別子の情報は，その識別子が宣言されている場所で登録され，使用される場所で記号表から探索される．すなわち，記号表のデータ構造は，識別子がどの宣言と対応するかということを考慮しながら設計される必要がある．

5.1.1 有効範囲と記号表

　プログラムの中で宣言される識別子は，それぞれ，直接参照できる範囲が決まっている．この範囲を**字句有効範囲** (lexical scope) あるいは単に**有効範囲** (scope) と呼ぶ．例えば，Simple 言語では，ブロック文の先頭で宣言された識別子は，ブロックの終り「}」までの有効範囲を持つ．いったん，有効範囲を出てしまうと，その有効範囲に局所的な識別子は参照できなくなる．

　ブロックを入れ子に定義できるとき，異なるブロックで同じ識別子を宣言できることが多い．これは，有効範囲も入れ子になることを意味する．入れ子になった有効範囲では，識別子 x の使用は，最も近い x の宣言と関連づけられる．

　図 5.1 に Simple 言語で記述した関数を示す．この関数が含む変数について考えてみよう．8～10 行目で使用されている変数 i と j は，5 行目で宣言された変数とみなすべきである．一方，13～15 行目や 19～21 行目で使用されている i と j は，それぞれ，3 行目と 4 行目で宣言された変数とみなさなければならない．

　このように，変数が，最も近い宣言の有効範囲に属するという性質を持つとき，記号表にスタックのデータ構造をもたせると都合がよい．変数 x が int 型で宣言され，変数 y が整数の配列型で宣言されたとき，記号表 t を，「$\{x : int, y : array(int)\}$」と表現すると，図 5.1 の各行における記号表はつぎのように表現できる．

3 行目より前： 　$t_0 = \{\texttt{a} : array(int), \texttt{size} : int\}$
3 行目： 　$t_1 = \{\texttt{a} : array(int), \texttt{size} : int\} + \{\texttt{i} : int\}$

5.1 記号表

```
1      int[10] a;
2      int size;
3      void sort(int i) {
4          void min (int j) {
5              void swap(int i, int j) {
6                  int tmp;
7
8                  tmp = a[i];
9                  a[i] = a[j];
10                 a[j] = tmp;
11             }
12
13             if (j < size) {
14                 if (a[j] < a[i]) swap(i,j);
15                 min (j+1);
16             }
17         }
18
19         if (i < size) {
20             min(i+1);
21             sort(i+1);
22         }
23     }
```

図 **5.1** Simple 言語で記述した sort 関数

4 行目： $t_2 = \{\text{a} : array(int),\ \text{size} : int\} + \{\text{i} : int\} + \{\text{j} : int\}$
5〜11 行目： $t_3 = \{\text{a} : array(int),\ \text{size} : int\} + \{\text{i} : int\} + \{\text{j} : int\} +$
$\{\text{i} : int,\ \text{j} : int,\ \text{tmp} : int\}$
12〜17 行目： $t_4 = \{\text{a} : array(int),\ \text{size} : int\} + \{\text{i} : int\} + \{\text{j} : int\}$
18〜23 行目： $t_5 = \{\text{a} : array(int),\ \text{size} : int\} + \{\text{i} : int\}$
23 行目よりあと： $t_6 = \{\text{a} : array(int),\ \text{size} : int\}$

ここで，スタックのトップは右端であり，新しい有効範囲に入るたびに，その宣言の情報をプッシュし，有効範囲から抜けるたびに，トップから + 記号までをポップする．識別子 x の宣言情報が知りたければ，単にトップから探索して，最初に見つかった x のエントリを返せばよい．

例えば，8 行目で変数 i の宣言情報が必要になる．記号表 t_3 を探索すると，5 行目で登録した対応する宣言情報が得られる．

5.1.2 記号表の実現

記号表は，識別子 k をキーとして，関連情報 $binding$ を登録する表である。プログラムの宣言中で登録された識別子 k と $binding$ は，このあと，k が使用されるたびに探索される。

プログラムには，大量の識別子が使われているので，記号表の探索も頻繁に行われる。したがって，記号表には，効率的に探索できる実現が求められる。

〔1〕**ハッシュ表** 記号表の中で，きわめて効率がよいのは，**ハッシュ表**(hash table) を用いた実現である。ハッシュ表にもいくつか種類があるが，ここでは，構造が単純で，記号表として十分機能する**チェイン法**(chaining) を紹介する。

チェイン法のデータ構造は，図 5.2 に示すように，各要素がリスト構造になったサイズ M の配列 $table$ である。キーである文字列 k と関連情報 $binding$ の対 $(k, binding)$ が，このリストの要素として格納される。

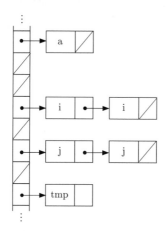

図 5.2 ハッシュ表（チェイン法）のデータ構造（サイズ M の配列 $table$ がリストの先頭を保持する）

どのインデックスのリストに格納するかは，**ハッシュ関数**(hash function) を，k に適用して得られる**ハッシュ値**によって決まる。

$(k, binding)$ についての登録と，探索手順はつぎのようになる。

- 登 録：
  ① k にハッシュ関数を適用し，ハッシュ値 h を得る。

5.1 記号表

② h をインデックスとして，$table[h]$ のリスト l を取り出す．

③ l の先頭に，$(k, binding)$ を付加し，得られた新しいリストで，$table[h]$ を更新する．

- 探　索：

① k にハッシュ関数を適用し，ハッシュ値 h を得る．

② h をインデックスとして，$table[h]$ のリスト l を取り出す．

③ l の先頭から順に調べて，キーが k と一致する $binding$ を返す．

ハッシュ値が偏っていると，リストが長くなり，探索効率が悪くなる．したがって，ハッシュ関数は，なるべく一様に散らばったハッシュ値を効率よく計算することが望ましい．

各文字列に対して散らばった値を返すためには，文字列のすべての文字を用いてハッシュ値を計算するのがよい．例えば，文字 c_i からなる文字列 $c_1 c_2 \cdots c_k$ について，つぎのような単純なハッシュ関数が知られている．

$$h_0 = 0$$
$$h_i = \alpha h_{i-1} + \mathrm{ord}(c_i)$$
$$h = h_k \bmod M$$

`ord` と `mod` は，それぞれ，文字の内部コード返す関数と剰余を計算する演算子である．また，α と M には素数を指定する．

図 **5.3** に，ハッシュ表を用いた記号表を OCaml で記述した例を示す．

OCaml では，ライブラリ関数を用いてハッシュ表を扱うことができる．おもに利用するのは，Hashtbl モジュールに定義されてる create, add, remove である．まず，「Hashtbl.create (_M)」によって，サイズ _M のハッシュ表 t を生成する．t には，「Hashtbl.add t s b」によって，キー s で b を登録することができる．また，s の探索と削除は，「Hashtbl.find t s」と「Hashtbl.remove t s」によって行う．図 5.3 では，これらの関数を，表 t を省略した関数「insert (s,b)」，「lookup (s)」，「pop (s)」から呼び出すようにしている．

ここで，「Hashtbl.add t s b」は，すでに同じキー s で登録されているエントリを置き換えないことに注意して欲しい．また，2 度以上同じ s で登録されている場合，「Hashtbl.find t s」で見つかるのは，最も最近登録されたエ

```
(* File hash.ml *)
let _M = 109
let t = Hashtbl.create (_M)
let stk = ref []

let insert (s, b) =
    Hashtbl.add t s b;
    stk := s::!stk

let lookup (s) = Hashtbl.find t s

let pop (s) = Hashtbl.remove t s

let beginScope () = stk := "@"::!stk

let endScope () =
    while (List.hd (!stk)) <> "@" do
        pop(List.hd (!stk));
        stk := List.tl (!stk)
    done;
    stk := List.tl (!stk)
```

図 5.3　ハッシュ表による記号表の実現 (hash.ml)

ントリである．さらに，「Hashtbl.rmove t s」で削除されるのも，最近に登録されたエントリである．

　有効範囲から抜ける際の処理を実現するためには，別のスタック stk を用いた仕掛けが必要である．stk は，有効範囲の入口で実行する関数 beginScope と出口で実行する endScope によって管理する．

　新しい有効範囲に入るときには，「beginScope ()」を呼んで，stk のトップに，有効範囲の区切り記号"@"（"@"は記号表に登録されない文字列とする）をプッシュする．ここで，insert は，識別子を stk にもプッシュすることに注意して欲しい．

　一方，有効範囲を出る際には，「endScope ()」が，"@"が出てくるまで stk をポップし，同時に，得られた識別子 s を「pop (s)」する．

　このように，beginScope と endScope を対で用いることによって，ハッシュ表を，有効範囲に入る前の状態に戻すことができる．

図 5.3 の hash.ml を，OCaml の対話環境にロードして，振舞いを確認してみよう．

```
─ ハッシュ表を用いた記号表 ─────────
# #use "hash.ml";;
beginScope();; ⏎
- : unit = ()
# insert ("x",1); insert ("y",2);; ⏎
- : unit = ()
# beginScope();; ⏎
- : unit = ()
# insert ("x",3); insert ("y",4);; ⏎
- : unit = ()
# lookup "x";; ⏎
- : int = 3
# lookup "y";; ⏎
- : int = 4
# endScope();; ⏎
- : unit = ()
# lookup "x";; ⏎
- : int = 1
# lookup "y";; ⏎
- : int = 2
#
```

〔2〕 **2 分探索木** ハッシュ表を用いた記号表は，有効範囲から抜ける際に元に戻す操作が必要になった．一方，作成した表を壊すことなく新しい登録を行う非破壊的な変更を用いると，元に戻す操作が不要になる．非破壊的な変更を容易に実現するには，**2 分探索木** (binary search tree) を用いるのがよい．

2 分探索木は，データを節点に格納した木構造であり，各節点 n の左側の子およびその子孫は，n より小さいキーを持ち，n の右側の子孫は，n より大きいキーを持つ．2 分探索木におけるキー k の探索は，根から葉の方向に順次降りていきながら各節点 n のキーと k を比較して，つぎのように行う．

① k のほうが小さければ，左の子を訪問する．
② k のほうが大きければ，右の子を訪問する．
③ k と一致していれば，探索を終了して n を返す．

k の登録は，探索と同じやり方で，2 分探索木を子へ降りて行く．降りる子どもがなくなったところで，k を格納した節点を生成し，子として登録する．

図 5.4 に，OCaml で記述した登録関数 insert を示す．この 2 分探索木は，キー s，データ b，左の部分木 $left$，右の部分木 $right$ を引数に持つ内部節点 Node $(s, b, left, right)$ と葉 Leaf からなる．insert は，キー s とデータ b を登録するために，部分木 t に対して再帰的に呼び出される．ここで，insert が，再帰呼出しの戻りがけに，新しい節点を生成して返していることに注意して欲しい．すなわち，insert が訪問した節点は，戻りがけにコピーされる．一方，訪問しなかったほうの部分木は，コピーされた節点でも子として再利用されるので，新旧の 2 分探索木で共有されることになる．

```
type binding = ... (* 記号表に格納する情報 *)

type bstree =
    Node of string * binding * bstree * bstree
   |Leaf

let rec insert (s,b) t =
  match t with
    | Leaf -> Node (s, b, Leaf, Leaf)
    | Node (s', b', left, right) ->
        if s < s' then
            Node (s', b', insert (s,b) left, right)
        else if s > s' then
            Node (s', b', left, insert (s,b) right)
        else
            Node (s', b', left, right)
```

図 5.4　OCaml で記述した 2 分探索木と登録関数

図 5.5 は，図 5.1 の min の仮引数を登録した状態，swap の仮引数を登録した状態，局所変数 tmp を登録した状態のそれぞれの 2 分探索木を表している．swap の仮引数 j を登録しようとした時点で，j の節点から根までの節点がすべてコピーされ，別の 2 分探索木が生成される．一方，局所変数 tmp を登録する際には，size の節点の右の子として登録されるので，a と size の節点はコピーされ，訪問しなかった i の節点を含む部分木はそのまま共有される．

5.1 記号表

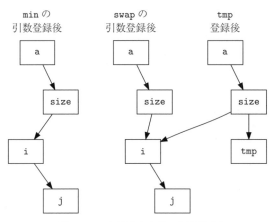

図 5.5　2 分探索木を用いた記号表

OCaml は，2 分探索木を扱うライブラリ関数を備えている。文字列をキーとする 2 分探索木を利用するためには，まず，Map.Make(String)[†]によって，専用モジュールを生成する（Bst モジュールとする）。2 分探索木 t に，キーを s として b を登録するためには，「Bst.add s b t」によって，登録した新しい 2 分探索木を生成する。このとき，元の t は，破壊されることはない。初期の 2 分探索木 Bst.empty を $t0$ として，"x", "y", "x" の順に登録した 2 探索木を $t1$, $t2$, $t3$ とした例をつぎに示す。

"x" を 2 度登録した $t3$ に対して，"x" で探索すると，最も最近登録した 3 が得られる。一方，最初の "x" を登録した $t1$ を使って探索すると，最初に登録した 1 が得られる。

非破壊的な変更を用いると，有効範囲の入口や出口で特別な操作を行う必要はない。単に以前の記号表を記録しておけばよいだけである。図 2.4 で紹介した環境も非破壊的な変更を行っていたことを思い出して欲しい。Simple コンパイラでは，プログラムを簡単にするために，この環境を記号表として用いる。

[†] Map モジュール中の Make は，引数のモジュールで特殊化した新しいモジュールを生成する。このように，モジュール上で関数のような働きをするものを**ファンクタ** (functor) と呼ぶ。

```
┌─ 2 分探索木を用いた記号表 ─────────────────┐
│ # module Bst = Map.Make(String);;  [↵]        │
│ # let t0 = Bst.empty;;  [↵]                    │
│ val t0 : 'a Bst.t = <abstr>                    │
│ # let t1 = Bst.add "x" 1 t0;;  [↵]             │
│ val t1 : int Bst.t = <abstr>                   │
│ # let t2 = Bst.add "y" 2 t1;;  [↵]             │
│ val t2 : int Bst.t = <abstr>                   │
│ # let t3 = Bst.add "x" 3 t2;;  [↵]             │
│ val t3 : int Bst.t = <abstr>                   │
│ # Bst.find "x" t3;;  [↵]                       │
│ - : int = 3                                    │
│ # Bst.find "y" t3;;  [↵]                       │
│ - : int = 2                                    │
│ # Bst.find "x" t2;;  [↵]                       │
│ - : int = 1                                    │
│ #                                              │
└────────────────────────────────────────────────┘
```

5.1.3　記号表の登録情報

Simple 言語を含む多くの言語は，型と変数に同じ識別子を用いることができる。例えば，Simple 言語でつぎのように記述することができる。

```
type x = int;
x x;

x = 1;
```

このような識別子の管理を一つの記号表で実現するのは難しい。そこで，型識別子を管理する型記号表と，変数や関数の値識別子を管理する値記号表を用意する。型記号表では，識別子から型が得られればよいので，登録情報は，`ty` 型の型式になる。値記号表では，図 5.6 に示すようにより多くの情報が必要である。

値識別子の変数名と関数名は，それぞれ `enventry` 型の構成子 `VarEntry` と `FunEntry` で区別する。変数名には，`VarEntry` が引数に持つレコード型 `varInfo` が示すように，つぎの情報が必要である。

- `ty`：変数の型

```
(* File table.ml *)
open Types
type varInfo = {ty: ty; offset: int; level: int}
type funInfo = {formals: ty list; result: ty; level: int}
type enventry = VarEntry of varInfo | FunEntry of funInfo
```

図 5.6　値記号表に登録する情報

- offset：スタック上のオフセット
- level：変数が宣言された関数の入れ子レベル

関数名には，FunEntry が引数に持つレコード funInfo が示すつぎの情報が必要である．

- formals：仮引数の型のリスト
- result：返戻値の型
- level：関数の入れ子レベル

5.2　型検査

型検査は，定数，変数，あるいは関数が持つ型が，文脈から要求される型に適合しているかどうかを検査する．型の等価性や型検査の規則の詳細は，通常，プログラミング言語の仕様によって与えられる．

5.2.1　型

すべての型は，**基本型**か，基本型とその他の型（基本型，レコード型，あるいは配列型）からレコードや配列を用いて構成される型である．

図 5.7 に，Simple 言語の型を表すバリアント型 ty を示す．

〔1〕**型　式**　　Simple 言語の基本型 int は，INT で表す．基本型以外は，ARRAY によって表現する配列型である．型表現において，ARRAY は**型構成子** (type constructor) と呼ばれ，ARRAY(10,ARRAY(5,INT)) のような**型式** (type expression) を構成する．参照型の tag は，後の節で説明する型の等価性を実現するために使用する．

```
(* File types.ml *)
type tag = unit ref
type ty = INT
        | ARRAY of int * ty * tag
        | NAME of string * ty option ref
        | UNIT
```

図 5.7　Simple 言語の型

〔2〕 **型識別子**　NAME は, 型識別子が, 本来どのような型式なのかを表す。NAME("T",Some(t)) は, 型識別子 T は t であることを意味する。型検査の過程で, すべての T は, t に置き換えられる。

〔3〕 **そのほかの型**　UNIT は, 値がないことを表す型である。通常は, ほかの型と同様に, 型式に含まれるが, Simple では, 単に関数が返戻値を持たないことを明示するためだけに使用する。

また, 多くのプログラミング言語は, レコードに相当する値を持つ。レコード型を表現するには, フィールド名とその型を対にしたリストにするとよい（図 5.8）。tag は, 配列型と同様に, 型の等価性を実現するために用いる。

```
type tag = unit ref
type ty =
        ...
        | RECORD of (string*ty) list * tag
        | NIL
```

図 5.8　レコード型の表現

レコードは, リストのような構造を表現するためにも使われる。リストでは, なにも指していないことを表す *nil* や *null* のような値を使って終端を表すことが多い。*nil* は, どのようなレコードで構成されるリストであっても終端として機能しなければならないので, すべてのレコード型と一致する特別な型 NIL としなければならない。

〔4〕 **型の等価性**　型式に名前が付いていたときに, 名前の違いが型の違いを表すか, あるいは, 単なる型式の省略とみなすかで型の等価性の考え方が異なる。名前の違いが型の違いを表す場合を**名前等価**(name equivalence) と呼び,

型式の省略とみなす場合を**構造等価** (structural equivalence) と呼ぶ。Simple 言語では，名前等価を採用している。

名前等価で注意しなければならないのは，新しい型名を導入するのは，型宣言ではなく，型式であるという点である。例えば，つぎの変数どうしの代入「a = b」は型エラーである。

```
type T = int[10];
type S = int[10];
T a;
S b;

a = b;
```

同様に，つぎの「a = b」も型エラーである。

```
int[10] a;
int[10] b;

a = b;
```

これは，それぞれの `int[10]` の型式が異なる型名を生成しているからである。したがって，つぎのように，型識別子を用いて同じ型式で宣言した変数どうしの代入は許される。

```
type T = int[10];
type S = T;
T a;
S b;

a = b;
```

構造等価では，これらの代入はすべて許される。

Simple コンパイラでは，名前等価を実現するために，型構成子である `ARRAY` の引数に「`ref ()`」を指定する。参照型の「`ref ()`」は，`ARRAY` を使用するたびに異なるポインタ値になるので，物理的一致性[†1]「`==`」を用いて型式を比較することによって，異なる型式を区別することができる[†2]。

[†1] 物理的一致性では，参照型の値を，格納場所へのポインタとして比較する。
[†2] 「`==`」は，参照型を用いなくても同様の結果を生じるかもしれない。しかしながら，非変更型 (non–mutable type) に対する「`==`」の振舞いは処理系依存なので注意が必要である。

┌─ 名前等価の実現 ─────────────────────────┐
```
# INT == INT;;  ⏎
- : bool = true
# ARRAY(10,INT,ref()) == ARRAY(10,INT,ref()));;  ⏎
- : bool = false
#
```
└────────────────────────────────────┘

レコード型の名前等価も，図 5.8 の型表現を用いることによって，配列型と同様に実現することができる。

一方，構造等価を実現するためには，型式全体が一致するかどうかを確認しなければならない。これを OCaml で実現するのは簡単である。つぎのように，「==」の代わりに構造的一致性を調べる「=」を用いればよい[†]。

┌─ 構造等価の実現 ─────────────────────────┐
```
# INT = INT;;
- : bool = true
# ARRAY(10,INT,ref()) = ARRAY(10,INT,ref());;
- : bool = true
#
```
└────────────────────────────────────┘

5.2.2 式の型検査

型検査は，構文木を巡回する再帰関数として実現する。Simple コンパイラでは，おもに構文木の節点 ast の型ごとに定義した型検査関数が，現在の入れ子レベル nest，型記号表 tenv，値記号表 env の文脈で型検査を行う。

```
let rec type_dec ast (nest,addr) tenv env =
        … (* 宣言の処理 (type_decs で使用する)   *)
and type_decs dl nest tenv env =
        … (* 宣言リストの処理 *)
and type_param_dec args nest tenv env =
        … (* 仮引数宣言リストの処理 *)
and type_stmt ast env =
        … (* 文の型検査 *)
```

[†] このままでも正常に動作するが，構造等価の実現に参照型は不要である。

```
and type_var ast env =
      … (* 左辺値の型検査 *)
and type_exp ast env =
      … (* 式の型検査 *)
and type_cond ast env =
      … (* 関係演算の型検査 *)
```

　型検査では，式の型検査と関係演算の型検査を構文の必要な部分で行うことが基本になる．式の型検査を行う関数 type_exp は，式の構文木を引数として，式の結果の型を返戻値として返す．おもに，演算子とオペランドの型の一致性や，関数の仮引数と実引数の型の一致性を検査する．

〔1〕 **定数と変数**　　図 5.9 に，type_exp の定数と変数の検査部を示す．

```
type_exp ast env =
  match ast with
      IntExp _ -> INT
    | VarExp s -> type_var s env
    …
```

図 5.9　式の型検査（定数と変数）

　変数「VarExp s」の型検査は，参照先の左辺値 s を関数 type_var で検査することによって行う．図 5.10 に示すように，type_var は，単純変数と配列要素を扱う．単純変数の場合は，値記号表を探索して型を返す．配列要素の場合は，まず添え字の式に type_exp を適用した結果の型が INT であることを検査する．また，配列変数に type_var を適用して結果の型が ARRAY であることを

```
type_var ast env =
    match ast with
        Var s -> let entry = env s in
            (match entry with
                VarEntry {ty=ty; _ } -> (actual_ty ty)
              | _ -> raise (No_such_symbol s))
      | IndexedVar (v, size) ->
          (check_int (type_exp size env);
              match type_var v env with
                  ARRAY (_,ty,_) -> (actual_ty ty)
                | _ -> raise (TypeErr "type error 5"))
```

図 5.10　左辺値の型検査

検査する．返戻値としては，要素型の ty を返す．いずれの場合も，type_exp の返戻値が，「NAME(型識別子)」でなく型式になるように，関数 actual_ty を適用する．

〔2〕 演算子　図 5.11 は，type_exp の演算子の検査部分を示している．Simple 言語の式で用いることができるのは整数の演算だけなので，オペランドの式に typ_exp を適用した結果が INT であることを検査し，返戻値として INT を返す．

```
type_exp ast env =
  match ast with
    ...
  | CallFunc ("+", [left; right]) ->
      (check_int (type_exp left env);
       check_int (type_exp right env); INT)
    ...
  | CallFunc ("!", [arg]) ->
      (check_int (type_exp arg env); INT)
    ...
```

図 5.11　式の型検査（演算子）

関数 type_cond が行う関係演算子の型検査は，type_expr の演算子で行う型検査と一致する．

〔3〕 多重定義された演算子　実践的なプログラミング言語では，一つの演算子を複数の型に適用できるように，**多重定義** (overloading) している場合が多い．例えば，加算演算子「+」は，整数どうしの加算では整数を返し，実数どうしの加算では実数を返す．実数と整数の加算では実数を返すかもしれない．

このような多重定義された演算子の扱いは，オペランドの式を型検査して得られた型によって，結果の型を決めるようにすればよい．

〔4〕 関数呼出しの型検査　図 5.12 に，関数呼出しの型検査部分を示す．

関数呼出しの検査は，仮引数の型と実引数の型の一致を検査し，返戻値の型を返す．検査の手順はつぎのとおりである．

① 関数名で値記号表を探索し，エントリ「FunEntry { formals=fpTyl; result=rltTy; level=_ }」を得る．

```
type_exp ast env =
  match ast with
    ...
  | CallFunc (s, el) ->
      let entry = env s in
        (match entry with
          (FunEntry formals=fpTyl; result=rltTy; level=_) ->
            if List.length fpTyl == List.length el then
              let fpTyl' = List.map actual_ty fpTyl
              and apTyl = List.map (fun e ->
                              type_exp e env) el in
                let l = List.combine fpTyl' apTyl in
                  if List.for_all (fun (f,a) ->
                                   f == a) l then
                    actual_ty rltTy
                  else raise (TypeErr "type error 6")
            else raise (TypeErr "type error 7")
        | _ -> raise (No_such_symbol s))
```

図 5.12　式の型検査（関数呼出し）

② 仮引数の型リスト fpTyl と実引数リスト el の要素数が一致するか検査する。

③ 仮引数の型のリスト fpTyl の要素に actual_ty を適用して型式のリスト fpTyl' に変換する。

④ 実引数のリスト el の要素に type_exp を適用して型式のリスト apTyl に変換する。

⑤ fpTyl' と apTyl の対応する要素がすべて一致するか検査する[†]。

⑥ 返戻値として，rltTy の型式を返す。

5.2.3 宣言の処理

Simple 言語の宣言は，型宣言，変数宣言，関数宣言の三つあり，ブロックの先頭で記述する。これらの宣言の並びは，関数 type_decs が，個々の宣言に関数 type_dec を適用することによって処理する。type_dec は，宣言された識別

[†] 関数 combine を用いて，2 リストを対応する要素の組のリストに変換し，すべての要素が，(fun (f,a) -> f == a) を満たすか，関数 for_all で検査している。

子を適切な記号表に登録する。

〔1〕型宣言　図 5.13 は，type_dec の型宣言の部分を示している。型宣言の部分は単純である。型識別子をキーとして NAME (s,ref None) を型記号表 tenv に登録し，拡張した型記号表 tenv' を，値環境，割当て済オフセットと一緒に組にして返す。

```
let rec type_dec ast (nest,addr) tenv env =
   match ast with
     TypeDec (s,t) -> let tenv' = update s (NAME (s,ref None)) tenv in
                        (tenv', env, addr)
     ...
```

図 5.13　型宣言の処理

型識別子に対応する型式を，None にして登録する理由は，型が再帰的に定義される場合があるからである。例えば，つぎの OCaml のレコード型の定義を考えよう。

```
─ 型の再帰的定義 ─────────────
# type list = {data: int; next: list};;
type list = { data : int; next : list; }
#
```

レコードを用いてリスト構造を作る際に，よくこのような宣言が行われる。

この list 型の宣言は，フィールド next の型として list を用いている。しかしながら，この時点で list の定義は完了していないので，どのような型が対応するかわからない。この問題は，型識別子 list を，その定義が完了する前に，「NAME ("list",ref None)」として型記号表に登録しておくことによって解決できる。そして，定義が完了した時点で，None の部分を，できあがった型式 ty で，「Some ty」のように置き換えればよい。

さらに，型識別子を用いて相互再帰的に型を定義したければ，型宣言されたすべての型識別子を先に型記号表に登録しなければならない。相互再帰的な型定義を許すと，つぎのような型宣言が可能になる。

```
type a = b;
type b = c;
type c = a;
```

この型定義は，循環を含んでいるので，意味のある型式を得ることができない．型定義に循環が生じた場合は，検出して，エラーとして通知しなければならない．型定義が循環しているかどうかは，関数 actual_ty が検査する．actual_ty を図 5.14 に示す．

```
let actual_ty ty =
   let rec travTy t l =
     match t with
       NAME (s, tyref) ->
           (match !tyref with
              Some actty -> if List.mem actty l then
                              raise (TypeErr
                                "cyclic type definition")
                            else travTy (actty) (actty::l)
            | None -> raise (TypeErr "no actual type"))
     | _ -> t
   in travTy ty [ty]
```

図 5.14　型識別子から型式への変換関数

actual_ty は，局所的に定義した再帰関数 travTy を用いて，NAME(s, Some ty) から ty へ，NAME 以外の型が得られるまでたどっていく．travTy は，その過程で訪問した型をリストにして第 2 引数 l に覚えているので，型定義中の循環の検査は，現在訪問している型 actty が，l に含まれているかを「mem actty l」で調べればよい．

〔2〕 変数宣言　図 5.15 は，type_dec の変数宣言の部分を示している．変数が識別子 s として宣言されると，s をキーとして，エントリ「VarEntry { ty=ty; offset=offset; level=level }」を，値記号表に登録する．型 ty は，型の構文木から関数 create_ty を用いて ty 型の型式に変換して指定する．関数の入れ子レベル level は，変数が異なるレベルから参照される際に必要になる．type_dec の引数 nest が現在の入れ子レベルを保持しているので，nest を level として指定すればよい．

```
let rec type_dec ast (nest,addr) tenv env =
  match ast with
    ...
  | VarDec (t,s) ->
      let nextOffset = addr-8 in
        let env' = update s (VarEntry ty= create_ty t tenv;
                                      offset=nextOffset;
                                      level=nest) env in
                  (tenv, env', nextOffset)
    ...
```

図 **5.15** 変数宣言の処理

また，Simple コンパイラでは，変数のメモリ位置を表すオフセット *offset* を，この時点で決定する。引数 addr が割当済みのオフセットを保持しているので，addr からデータサイズ 8 バイトを減算した値 nextOffset を，オフセット *offset* とする。ここで，局所変数を割り当てる実行時スタックは，アドレスが大きいほうから小さいほうへ成長する。したがって，新しいデータの場所を確保する場合には，データサイズを減算することになるので注意して欲しい（詳しくは，6.1.2 項で述べる）。

最後は，型宣言と同様に，登録によって拡張した値記号表 env' を，型記号表，割当済みオフセットとともに組にして返す。

〔**3**〕**関数宣言**　関数の宣言では，仮引数の型と返戻値の型を値記号表に登録する。図 **5.16** は，type_dec の関数宣言部分を示している。

```
let rec type_dec ast (nest,addr) tenv env =
  match ast with
    ...
  FuncDec (s, l, rlt, Block (dl,_)) ->
      check_redecl ((List.map (fun (t,s) ->
      VarDec (t,s)) l) @ dl) [] [];
      let env' = update s
         (FunEntry formals= List.map (fun (typ,_) ->
            create_ty typ tenv) l;
                       result=create_ty rlt tenv;
                       level=nest+1) env in (tenv, env', addr)
```

図 **5.16** 関数宣言の処理

登録するエントリは，**FunEntry** {formals=$formals$; result=rTy; level=$level$} である．$formals$ は，仮引数の型のリストなので，型と変数名が対になった構文木の仮引数リスト l から，型だけを取り出し，**create_ty** を用いて ty 型のリストにする．返戻値の型 rTy は，構文木中の返戻値 rlt から **create_ty** で変換すればよい．$level$ は，新しい関数の入れ子レベルなので，nest+1 にする．

関数では，仮引数と関数本体で宣言される局所変数は，多重に宣言されてはいけない．多重宣言の検査は，関数 **check_redecl** が行う．仮引数と局所変数をまとめて検査するために，仮引数に **VarDec** を付加して，局所変数リストと結合したあと，**check_redecl** を適用している．

〔4〕**再帰関数の宣言**　　再帰関数 f は，f の本体で，定義が完了していない f 自身を呼び出す．すなわち，f の定義が完了してから値記号表に登録するというやり方では，再帰呼出しが未定義になってしまう．

そこで，関数宣言は，本体を処理する前に，シグネチャ（関数名，仮引数の型，返戻値の型）だけを記号表に登録するようにする．さらに，相互再帰した関数を定義できるようにするためには，相互再帰呼出しする関数のシグネチャだけを，先に記号表に登録しておかなければならない．

Simple コンパイラは，関数 **type_decs**（図 **5.17**）によって，**type_dec** をすべて宣言に適用し，先にすべてのシグネチャを記号表に登録する．関数の本体は，このあとのコード生成で処理するので，ブロック内で宣言したすべての関数は，相互再帰呼出しが可能である．

```
type_decs dl nest tenv env =
    List.fold_left
        (fun (tenv,env,addr) d ->  type_dec d (nest,addr) tenv env)
        (tenv,env,0) dl
```

図 **5.17**　すべての宣言の処理

6章 実行時環境

◆ 本章のテーマ

これまで，コンパイラの記述言語として OCaml を採用し，トークンの指定では正規表現を導入し，構文の記述に文脈自由文法を用いてきた。

同様に，コンパイラが目的コードを生成する過程の説明や，生成した実行コードにどのような振舞いを仮定するかについて解説するにも，特定の言語を利用できれば，具体的なイメージをつかみやすい。

本書では，現在最も普及している PC が x64 アーキテクチャの CPU を採用していることを考慮して，必要最低限の x64 アーキテクチャと x64 アセンブリ言語を解説する。そして，x64 アセンブリコードの知識を利用しながら，関数呼出しにおける実行時環境について説明する。

◆ 本章の構成（キーワード）

6.1 x64 アセンブリ言語

　　　x64 アセンブリコードの概観，メモリの構成，x64 の命令

6.2 関数呼出しと駆動レコード

　　　高階関数，スタックフレーム，呼出し規約，非局所データの参照

◆ 本章を学ぶと以下の内容をマスターできます

☞ x64 アセンブリコードの理解
☞ 実行スタックの振舞いの理解
☞ スタックフレームレイアウトの理解
☞ 呼出し規約の理解

6.1　x64 アセンブリ言語

コンピュータを動作させるためには，そのコンピュータが備えているプロセッサの命令セットからなる機械語でプログラムを作成しなければならない．機械語プログラムは，バイナリ形式であり，プログラマにとっては，扱いが難しい．そこで，機械語レベルのプログラム作成にも，各命令に，人間が理解しやすいニーモニックというテキスト形式の字句を対応づけた**アセンブリ言語** (assembly language) というプログラミング言語の 1 種が用いられることが多い．

アセンブリ言語で記述されたアセンブリコードは，**アセンブラ** (assembler) によってバイナリ形式のオブジェクトコードに変換され，ほかの必要なオブジェクトコードとのリンクをとおして実行形式になる．

本章では，x64 アセンブリ言語を説明する．x64 という名前は，Intel や AMD のプロセッサ向けの 64 ビット命令セットに由来する．現在，x64 命令セットを持つプロセッサは，個人向けコンピュータとして普及しており，ビジネス，研究，教育のいずれの環境でも，最も身近なプロセッサになっている．

x64 のアセンブリ言語のスタイルには，Intel 構文と AT&T 構文が存在する．本書では，実験用のツールとして **gcc** (GNU Compiler Collection) を利用する関係で，gcc とオプションなしで互換性のある AT&T 構文を解説する．また，実行環境によって，レジスタの使い方などいくつかの点が異なる場合があるが，基本的に Linux 環境[†]を前提に説明する．Mac OS X や Cygwin 環境もほぼ同じであるが，微妙な違いについては適宜注意を述べる．

6.1.1　x64 アセンブリコードの概観

〔1〕 実行ファイルの生成と実行　　図 **6.1** は，「Hello World!」と印字するプログラムを表している．このプログラムがファイル `hello.s` に記述されているとすると，つぎのように実行ファイル `a.out` を作成することができる．

[†] System V AMD64 ABI に準じた呼出し規約を用いる．

```
1               .text
2               .globl main             # Mac OS X では
3       main:                           #   "_main"
4               pushq %rbp
5               movq %rsp, %rbp
6               leaq L1(%rip), %rdi     # Cygwin では "%rdi -> %rcx"
7               movq $0, %rax           # Cygwin では不要
8               # subq $32, %rsp          Cygwin では必要
9               callq printf            # Mac OS X では "_printf"
10              # addq $32, %rsp          Cygwin では必要
11              movq $0, %rax
12              leaveq
13              retq
14
15              .data
16      L1:     .string "Hello World!\n"
```

図 6.1　アセンブリコード例 1：hello.s

```
― 実行コードの生成 ―――――――――――――――――――
 > gcc hello.s ⏎
```

gccは，ファイルの拡張子によって，適切な処理系を呼び出す．拡張子「.s」に対しては，アセンブラとリンカを呼び出して実行ファイルを生成する．

生成された a.out は，つぎのように実行できる．

```
― a.out の実行 ―――――――――――――――――――
 > a.out ⏎
 Hello World!
```

本書で扱うアセンブリコードは，Linux 環境の gcc によって実行形式に変換できる体裁で記述するものとする．Mac OS X と Cygwin についても，コメントを参考に変更すると，同様に実行ファイルを生成できる．Linux との違いについては，6.2 節で詳しく述べる．

〔2〕 **hello.s の概略**　　図 6.1 はデータ部とプログラム部に分けることができる．データ部は指示子 .data で始まり，プログラム部は，指示子 .text で始まる．

15, 16 行目のデータ部では，文字列"Hello World!\n"をラベル L1 に割り付けている。L1 は，文字列の先頭アドレスを表す。

プログラム部の main は，実行の開始ラベルである。実行の際にほかのファイルから参照できるように，2 行目で .global で宣言している。

4, 5 行目と 12, 13 行目は，すべての関数で行う決まった手続きであり，それぞれ**プロローグ** (prologue)，**エピローグ** (epilogue) と呼ばれる。詳しくは，6.2 節で述べる。

6〜9 行目では，文字列を印字するために C 言語のライブラリ関数 printf を呼び出している。まず，6 行目で，文字列（ラベル L1）を，第 1 引数に用いるレジスタ %rdi に転送する。つぎに，9 行目で，printf に制御を移すために callq 命令を実行する。

11 行目では，値を返すために用いるレジスタ %rax に 0 を転送することによって，main の返戻値を 0 にしている。

6.1.2 メモリの構成

図 6.1 から生成された実行コードは，実行される際に，メモリにロードされる。実際に使用するメモリ上のアドレスは，**物理アドレス** (physical address) と呼ばれ，メモリ中に散らばっている可能性がある。一方，実行する側からは，オペレーティングシステムの仲介によって，図 6.2 のような独自のアドレス空間を使用し

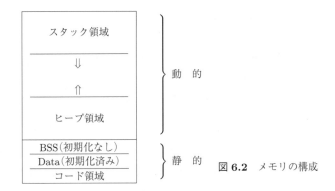

図 6.2 メモリの構成

ているように見える。これを**論理アドレス空間** (logical address space) と呼ぶ。

論理アドレス空間内は，コード領域とデータ領域に分けられる。コード領域は，プログラムコードが割り付けられる領域であり，アセンブリコード中の`.text`で指示される範囲が割り付けられる。コード領域は，サイズが**静的**に決まるので，**静的メモリ領域**に含まれる。ここで，静的とは，コンパイル時に処理できることをいう。反対に，動的とは，実行時にならなければ，処理できないことをいう。

データ領域のDataとBSSは，静的メモリ領域に含まれ，それぞれ，初期化済み変数と初期化なしの変数が割り付けられる。図6.1でいえば，`.data`の指示によって，文字列が割り付けられるのがData領域である。BSSの領域のデータは，初期値を持たないが，オペレーティングシステムによって0に初期化される。

静的にサイズが決まらないデータを扱う**動的メモリ領域**は，つぎのスタック領域とヒープ領域からなる。

- スタック領域：関数呼出しの際に，個々の関数で必要になる固有のデータを，スタック形式で割り付ける。これを**実行スタック** (execution stack) という。実行スタックは，関数の呼出しと戻りの振舞いの実現を容易にする。
- ヒープ領域：関数の呼出しが終了したあとも使われるデータは，ヒープ領域に割り付ける。ヒープ領域は，再利用可能であるが，データが不要かどうかの管理を別途行う必要がある。

図6.2に示すように，スタック領域とヒープ領域は向かい合わせに配置されており，スタック領域はアドレスの大きいほうから小さいほうへ，ヒープ領域は小さいほうから大きいほうへ成長する。

図6.1では，関数呼出しにスタック領域を使用している。まず，関数`main`の呼出しによって，`main`に必要なデータが，スタック領域に割り付けられる。つぎに，`main`が終了する前に`printf`が呼ばれるので，`printf`に必要なデータが，`main`の領域を壊さないように，隣接領域に割り付けられる。このとき，ちょうど，`printf`のデータは，スタック領域にプッシュされたことになる。`printf`

の実行が終了すると，`printf` のデータは，ポップされ，このあと，ほかの関数が呼ばれると，再度，`main` の隣から割り付けられる．

ヒープ領域の管理は，ゴミ集め (garbage collection)[3] という技術によって，自動化することができる．現在普及している多くの言語が，ゴミ集めを含む実行時システムの存在を前提にしているが，本書ではこれ以上触れない．

6.1.3 x64 の命令

〔**1**〕 **命令のオペランド** x64 のアセンブリ言語は，命令のオペランドとして，レジスタ，定数，メモリ参照を指定できる．詳細はつぎのとおりである．

レジスタ (reg) x64 で使用できるレジスタを図 **6.3** に示す．x64 では，1,

%rax	%eax	%ax	%ah	%al
%rbx	%ebx	%bx	%bh	%bl
%rcx	%ecx	%cx	%ch	%cl
%rdx	%edx	%dx		%dl
%rsi	%esi	%si		%sil
%rdi	%edi	%di		%dil
%rbp	%ebp	%bp		%bpl
%rsp	%esp	%sp		%spl
%r8	%r8d	%r8w		%r8b
%r9	%r9d	%r9w		%r9b
%r10	%r10d	%r10w		%r10b
%r11	%r11d	%r11w		%r11b
%r12	%r12d	%r12w		%r12b
%r13	%r13d	%r13w		%r13b
%r14	%r14d	%r14w		%r14b
%r15	%r15d	%r15w		%r15b

図 **6.3** x64 で使用できるレジスタ

2, 4, 8 バイトサイズの各レジスタを使用できる。これらは，図からわかるように，オーバーラップしている。例えば，レジスタ%al は，%ax, %eax, %rax としても参照できる。

即値 (*imm*)　　命令のオペランドとして指定された定数は，**即値** (immediate) と呼ばれる。即値は，定数やラベルの前に「$」を付けて表現する。図6.1 では，7 行目や 11 行目で，定数 0 の即値として$0 が使われている。

メモリ参照 (*mem*)　　メモリ参照は，(%rbp) のように，アドレス値を持つレジスタを「(」と「)」でくくって表す。-8(%rbp) のように，頭に整数値 n を付加すると，レジスタが指すアドレスから，n バイト離れた場所（「%rbp-8」）に格納された値を表す。このような，レジスタが指す値からの差分 n を**オフセット** (offset) という。

このようなオペランドの指定法を**アドレッシングモード** (addressing mode) という。すべての命令が，すべてのアドレッシングモードを受け付けるわけではない。つぎに示す各命令では，アドレッシングモードの別を，*reg*, *imm*, *mem* によって示す。

〔2〕　**命令セット**　　典型的な x64 の命令は，0 から 2 個のオペランドを持つ。2 オペランドの命令では，メモリ参照はせいぜい片方にだけ許され，計算結果は 2 番目のオペランドに与えられる。

つぎの命令リストは，本書で必要になるものだけを示している。各命令の右には，許されるアドレッシングモードの組合せを，「|」で区切って示している。

転送命令　movq *reg, reg* | movq *imm, reg* | movq *imm, mem* | movq *mem, reg* | movq *reg, mem*

　　第1オペランドの値を第2オペランドに転送する。

lea 命令

- leaq *mem, reg*　　第1オペランドに指定したメモリ参照のアドレスを第2オペランドに格納する。つぎのようにすると，.data で割り当てた *label* をレジスタ *reg* に格納することができる。

- leaq *label*(%rip),*reg*　　%rip はプログラムカウンタであり，この

命令のアドレスとラベル *label* のオフセットでアドレスを計算する。メモリ上の配置に関係なくラベルを転送することができる。

反転命令 negq *reg* | negq *mem*　　オペランドの値の符号を反転する。

加算命令 addq *reg*, *reg* | addq *imm*, *reg* | addq *imm*, *mem* | addq *mem*, *reg* | addq *reg*, *mem*

2オペランドの合計を計算し，第2オペランドに結果を格納する。

減算命令 subq *reg*, *reg* | subq *imm*, *reg* | subq *imm*, *mem* | subq *mem*, *reg* | subq *reg*, *mem*

第2オペランドから第1オペランドを引いた値を第2オペランドに格納する。

乗算命令 imulq *reg*, *reg* | imulq *mem*, *reg*　　両オペランドを乗算し，第2オペランドに結果を格納する。

除算命令 idivq *reg* | idivq *mem*　　まず，%rdx を上位8バイト，%rax を下位8バイトとした16バイトのデータ（%rdx:%rax と表現する）を用意する。%rdx:%rax をオペランドで割り，商を%rax に格納し，余りを%rdx に格納する。

符号拡張 cqto　　%rax を%rdx:%rax に符号拡張する。

無条件分岐 jmp *label*　　*label* に制御を移す。

cmp 命令 cmpq *reg*, *reg* | cmpq *imm*, *reg* | cmpq *imm*, *mem* | cmpq *mem*, *reg* | cmpq *reg*, *mem*

両オペランドを比較し，結果を内部のフラグレジスタにセットする。フラグレジスタの状態によって，続く条件分岐の実行が行われるかどうかが決まる。

条件分岐　　直前の cmp 命令が「cmpq *x y*」であったすると，各条件分岐は，x と y の関係によってつぎのように振る舞う。

- je *label*　　$x = y$ の関係を満たすなら *label* に制御を移す。そうでなければ，続く命令を実行する。
- jg *label*　　$x > y$ の関係を満たすなら *label* に制御を移す。そうでな

ければ，続く命令を実行する．

- jge *label*　　$x \geq y$ の関係を満たすなら *label* に制御を移す．そうでなければ，続く命令を実行する．
- jl *label*　　$x < y$ の関係を満たすなら *label* に制御を移す．そうでなければ，続く命令を実行する．
- jle *label*　　$x \leq y$ の関係を満たすなら *label* に制御を移す．そうでなければ，続く命令を実行する．
- jne *label*　　$x \neq y$ の関係を満たすなら *label* に制御を移す．そうでなければ，続く命令を実行する．

ポップ命令 popq *reg* | popq *mem*　　オペランドに「(%rsp)」の値をコピーし，%rsp を 8 バイト戻す（「%rsp←%rsp+8」）．

プッシュ命令 pushq *imm* | pushq *reg* | pushq *mem*　　%rsp を 8 バイト増やし（「%rsp←%rsp-8」），オペランドの値を「(%rsp)」にコピーする．

leave 命令 leaveq　　%rsp と%rbp の状態を，関数呼出し以前の状態に戻す．すなわち，%rsp に%rbp を転送し，%rbp に「(%rsp)」（退避してある以前の%rbp 値）をポップする．

ret 命令 retq　　関数呼出しから制御を戻す．すなわち，戻りアドレスを取り出し（「(%rsp)」をポップし），そのアドレスに制御を移す．

図 **6.4** に 5 の階乗を計算するアセンブリコードを示す．13, 14 行目で，レジスタ%rax と%rbx を，それぞれ 5 と 1 に初期化し，18 行目の「imulq %rax, %rbx」で，%rax と%rbx を乗算し%rbx を更新する．15〜20 行目は，20 行目の無条件分岐によって，ループになっているので，18 行目の乗算は，19 行目の「subq $1, %rax」によって，%rax を 1 ずつ減らしながら繰り返される．

最終的に，%rax の値が 0 になると，16, 17 行目の「cmpq $0, %rax」と「je L2」によって，21 行目に向けてループを抜け，%rbx に結果を得る．

23〜29 行目では，C 言語ライブラリの printf を，「printf("%lld\n",x)」のように用いて結果を印字する．ここでは，64 ビットデータを印字するので，

6.1 x64アセンブリ言語

```
1           /* データ */
2           .data
3    OUT:
4           .string "%lld\n"
5           /* コード */
6           .text
7           .globl main          # Mac OS X では
8    main:                       # _main
9           /* main のプロローグ */
10          pushq %rbp
11          movq %rsp, %rbp
12          /* 5 の階乗の計算 */
13          movq $5, %rax
14          movq $1, %rbx
15   L1:
16          cmpq $0, %rax
17          je L2
18          imulq %rax, %rbx
19          subq $1, %rax
20          jmp L1
21   L2:
22          /* printf の引数渡し */
23          leaq OUT(%rip), %rdi  # Cygwin では %rdi は %rcx
24          movq %rbx, %rsi       # Cygwin では %rsi は %rdx
25          movq $0, %rax
26          /* printf の呼出し */
27          # subq $32, %rsp      Cygwin では必要
28          call printf           # Mac OS X では _printf
29          # addq $32, %rsp      Cygwin では必要
30          movq $0, %rax
31          /* main のエピローグ */
32          leaveq
33          retq
```

図 **6.4**　5の階乗のアセンブリコード

フォーマットは「`%lld`」である。

`printf` への引数は，第1引数をレジスタ`%rdi`（Cygwinでは`%rcx`），第2引数をレジスタ`%rsi`（Cygwinでは`%rdx`）に格納して渡す．23行目で，文字列に割り当てたラベル `OUT`（3, 4行目）を`%rdi`に転送し，24行目で，計算結果の`%rbx`を`%rsi`に転送して，`printf`を呼び出す（28行目）．

プロローグとエピローグおよび引数渡しの詳細については，次節で詳しく述べる．

6.2 関数呼出しと駆動レコード

関数やそれに準ずる手続きを持つプログラミング言語は，その関数に固有の変数として**局所変数** (local variable) を利用できる．局所変数は，各関数呼出しに対して固有の実体を持っており，ほかの関数の呼出しによって上書きされることはないし，同じ関数の別の呼出しによっても上書きされることはない．

つぎの C 言語のプログラム片は，階乗を計算する再帰関数 fact を示している．

```
int fact (int n) {
  if (n == 0) return 1;
  else return n * fact (n-1);
}
```

fact の再帰呼出しの結果は，現在の n と乗算されるので，再帰呼出しによって上書きされない．すなわち，fact が呼び出されるたびに，n のメモリ領域が用意される．

一方，fact の呼出しが戻ると，n は不要になるので，メモリ領域も破棄してよい．関数の呼出しは，その関数が呼び出したほかのすべての関数が戻ってきたあとに戻るので，局所変数の生成と破棄は**後入れ先出し** (LIFO) に相当する．C, Pascal, Simple のような多くの手続き型言語の関数呼出しは，LIFO になるので，スタックで管理することができる．

6.2.1 高 階 関 数

つぎの OCaml のプログラムを実行してみよう．

6.2 関数呼出しと駆動レコード

―― 高階関数の例 ――
```
# let add x =
    let addX y = x + y in
        addX;;
val add : int -> int -> int = <fun>
# add 1 2;;
- : int = 3
# let add5 = add 5;;
val add5 : int -> int = <fun>
# add5 4;;
- : int = 9
#
```

一つの引数 x を受け取る関数 add は，一つの引数 y を受け取り x と加算する関数 addX を入れ子に定義して，返戻値として返す。

「add 5」で呼び出すと，引数に 5 を加算する関数として add5 が得られる。このとき，関数 add の呼出しは戻っているにも関わらず，引数の x は，add5 で使われているので，破棄することができない。

これは，OCaml の関数が，つぎの二つの性質を兼ね備えているからである。

① 入れ子に定義できる。

② 関数を返戻値として返すことができる。

このような関数は，**高階関数** (higher order function) と呼ばれ，スタックで管理することができない。

一方，どちらかの性質を持たなければ，関数呼出しをスタックで管理することができる。C 言語は，関数を返戻値にすることができるが，関数の入れ子の定義を許していない。Pascal 言語は，関数を入れ子に定義できるが，返戻値として返すことはできない。

高階関数は，スタックで管理できないので，不要になったメモリ領域を開放する別の方法[†]が必要である。

[†] ゴミ集めを用いる方法や，スタックとゴミ集めを組み合わせる方法がある。

6.2.2 スタックフレーム

関数呼出しは，スタックで管理できることを述べた．一般に，関数の実行には複数のデータが必要なので，データが必要になるたびにスタックにプッシュし，不要になるたびにポップするのは効率的ではない．そこで，通常の関数呼出しでは，関数の入口で，必要なデータ分のメモリ領域をまとめて確保し，関数の出口で，まとめて破棄する．この1関数分のメモリ領域を，**スタックフレーム** (stack frame) あるいは**駆動レコード** (activation record) という．文脈から明らかな場合は，単に**フレーム**と呼ぶ場合もある．

〔1〕 **スタックポインタ**　実行スタックでは，最も最近割り当てられたスタックフレームのトップを，**スタックポインタ** (stack pointer) という特別なレジスタが指している．新しくスタックフレームを確保する際は，このスタックポインタの直後から割り当てる．また，スタックフレームを破棄する際は，スタックポインタをスタックフレームのサイズ分だけ元に戻す．

実行スタックは，アドレスの高いほうから低いほうへ成長するので，図解する際は，一番下がトップであり，プッシュとポップは下側から行われることに注意して欲しい．すなわち，新しいスタックフレームを割り当てる際は，スタックポインタをサイズ分だけ減算し，破棄する際は，サイズ分だけ加算することになる．

〔2〕 **フレームポインタ**　スタックポインタが，最も最近割り付けられたスタックフレームのトップを指しているのに対して，そのスタックフレームの底を指す特別なレジスタをフレームポインタという．

スタックフレームのサイズは，一時変数の割当てやレジスタの保存のために，コンパイルの最後のほうになるまで決定できないことがある．このような場合，スタックポインタを基準として局所変数のオフセットを決めるのが面倒になる．また，スタックフレームのサイズが動的に変化する可能性がある言語では，スタックポインタを基準にするのは難しい．そこで，局所変数は，フレームポインタを基準に参照することが多い．

〔3〕 **スタックフレームレイアウト**　図6.5に，x64ベースプロセッサ上

6.2 関数呼出しと駆動レコード

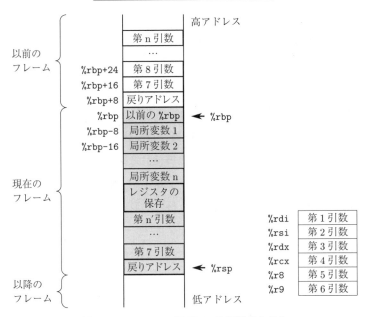

図 6.5 System V AMD64 ABI 呼出し規約

の Linux で使われるスタックフレームを示す．

現在のフレームは，スタックポインタ%rspとフレームポインタ%rbpに挟まれたところである．関数が受け取る実引数は，**入力引数** (incoming argument) と呼ばれ，以前のフレームに属している．x64 ベースプロセッサ上の Linux では，第 1 引数から第 6 引数までを，それぞれ，%rdi, %rsi, %rdx, %rcx, %r8, %r9 の各レジスタで渡すので，フレーム上に割り当てられる入力引数は，第 7 引数以降になる．引数が六つ以下であれば，フレームは使われない．第 7 引数以降の入力引数は，%rbp にオフセットを加算して参照する．

入力引数の下にある**戻りアドレス** (return address) は，関数が call 命令によって呼ばれるときに自動的に積まれるアドレスで，call 命令のつぎのアドレスである．関数の実行が完了したときに，制御を戻すために使われる．

各局所変数は，現在のフレームに含まれており，%rbp からオフセットを減算して参照する．また，局所変数の下には，破壊してはならないレジスタの値を保存する．

新たに関数を呼び出す際には，呼び出される関数の実引数がその下に積まれる。呼び出す関数に渡す実引数は，**出力引数** (outgoing argument) と呼ばれる。出力引数もフレームで渡すのは，第 7 引数以降である。

続いて積まれる戻りアドレスまでが現在のフレームに含まれる。そのあとは，呼び出され側のフレームになる。

〔4〕 スタックフレームの割付けと破棄　　関数呼出しでは，関数の入口で，スタックフレームを割り付け，関数の出口で，スタックフレームを破棄する。このフレームの割付けと破棄は，スタックポインタ%rsp とフレームポインタ%rbp を用いて容易に実現できる。

フレームの割付けは，つぎの手順で行う。

① %rbp を実行スタックにプッシュして，保存する。

② %rsp の値を%rbp に転送する。

③ %rsp にフレームサイズを加算して更新する。

フレームの割付けの際に実行する決まった命令列は，関数の**プロローグ** (prologue) と呼ばれる。

一方，フレームの破棄は，つぎの手順で行う。

① %rbp の値を%rsp に転送する。

② 保存しておいた以前のフレームポインタを%rbp にポップする。

フレームの破棄と戻りアドレスへの復帰の一連の命令列は，関数の**エピローグ** (epilogue) と呼ばれる。

6.2.3　呼 出 し 規 約

スタックフレームレイアウトの設計は，命令セットアーキテクチャのほか，プログラミング言語の特徴や性質を考慮して行わなければならない。一方で，あるプログラミング言語で記述された関数を，ほかの言語で記述された関数から呼び出すような，バイナリレベルの互換性を重視して，標準レイアウトを利用することもできる。

標準レイアウトで，関数呼出しの互換性に大きな影響を持つのは，**呼出し規**

約 (calling convention) である．図 6.5 に示したフレームレイアウトは，C 言語の 64 ビット整数とポインタに対する呼出し規約を含んでいる．この呼出し規約は，多くの Unix 系のオペレーティングシステム環境で採用されている **System V AMD64 ABI**（以降，System V ABI と呼ぶ）という**アプリケーションバイナリインタフェース** (application binary interface, ABI) の一部である．また，Windows 系のオペレーティングシステム環境（Cygwin を含む）では，図 **6.6** の **Microsoft x64 呼出し規約**が使われている．

標準の規約を利用する際には，つぎの点に気を付けなければならない．

① プログラミング言語の呼出し規約
② レジスタの使用
③ レジスタの保存
④ スタックアラインメント

〔1〕 **プログラミング言語の呼出し規約**　通常，プログラミング言語の仕

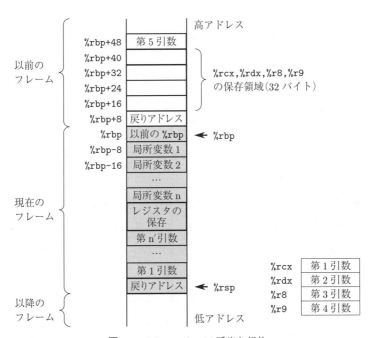

図 **6.6**　Microsoft x64 呼出し規約

様と実行時環境は独立であるが，引数をスタックにプッシュする順序は言語によって決まっており，フレームレイアウトに影響を与える．

例えば，$foo(a_1, a_2, \cdots, a_{n-1}, a_n)$ のような関数呼出しを考えよう．Pascal 言語では，左から順に $a_1, a_2, \cdots$ のようにスタックにプッシュする．一方，C 言語では，右から $a_n, a_{n-1}, \cdots$ のようにプッシュする．Pascal 言語は，引数の数がコンパイル時に決定できるので，左からプッシュしても，各引数のオフセットを決定できる．これに対して，C 言語では，`printf` に代表される**可変長引数** (variable argument) が許されているので，実行時にならないと引数の数が決まらない場合がある．引数を右から順にプッシュすると，左の引数ほど，スタックのトップに近い場所に割り当てられるので，オフセットを決定できるのである．

C 言語の呼出し規約は，互換性を重視する立場から採用されることが多く，図 6.5 と図 6.6 も，C 言語の呼出し規約に従っているのがわかる．

〔**2**〕 **レジスタの使用** 最近のプロセッサは，計算のスピードに対して，メモリを参照するスピードが格段に遅い．そこで，値をなるべくレジスタに保持し，メモリ参照を減らすことが，効率のよい実行にとって重要である．

引数に関しても，スタックにプッシュして渡すとメモリ参照が生じてしまうので，レジスタで渡すことが多くなっている．実際，実践的なプログラムでは，4 引数より多い関数はまれであり，6 引数より多いものはほとんどないことが知られているので，最初のいくつかの引数をレジスタで渡し，残りをスタックを使って渡せば十分である．

System V ABI では，整数あるいはポインタ引数のうち，最初の 6 引数を，順に，レジスタ `%rdi`, `%rsi`, `%rdx`, `%rcx`, `%r8`, `%r9` で渡す．図 6.5 に示すように，スタックにプッシュして渡すのは，第 7 引数からである．浮動小数点引数については，ベクタレジスタ `xmm0`〜`xmm7` が使われる．System V ABI で気を付けなければならないのは，可変長引数を持つ関数を呼び出すときに，使用するベクタレジスタ数を `%rax` にセットして，知らせなければならない点である．例えば，C 言語の関数呼出し `printf("%f%f", 0.5, 0.5)` については，`%rax` に 2

をセットする。`printf("Hello World!")`のように文字列だけを渡す場合も，`%rax`を0に設定する[†]。

一方，Microsoft x64呼出し規約では，整数あるいはポインタ引数のうち，最初の4引数をレジスタで渡す。使用するレジスタは，順に，`%rcx`，`%rdx`，`%r8`，`%r9`である。浮動小数点引数には，xmm0〜xmm3を使用する。Microsoft x64呼出し規約で気を付けなければならないのは，レジスタで渡す4引数についても，スタックに32バイトの領域を確保しなければならない点である。この領域は，**シャドー領域** (shadow space) と呼ばれ，`%rcx`，`%rdx`，`%r8`，`%r9`の退避場所として使われる。シャドー領域は，実際に渡す引数が四つ未満だったとしても，32バイト確保しなければならないので注意が必要である。

引数と同様に，返戻値もレジスタを用いて返す場合が多い。System V ABIでは，返戻値をレジスタ`%rax`と`%rdx`を用いて返す。浮動小数点値については，ベクタレジスタ`%xmm0`と`%xmm1`を用いる。Microsoft x64も，浮動小数点以外の返戻値を`%rax`を用いて返し，浮動小数点値は`%xmm0`を用いて返す。

〔3〕**レジスタの保存**　プログラムの実行効率を上げるためには，それぞれの関数が，多くのレジスタを利用できる必要がある。しかしながら，レジスタセットは一つしかないので，一つのレジスタを，複数の関数で共有する方法が必要である。

例えば，関数 f が関数 g を呼び出すこと考えよう。このとき，関数 f は**呼出し側** (caller) と呼ばれ，g は**呼び出され側** (callee) と呼ばれる。f は，局所変数の値をレジスタ r に保持しているとする。同様に，g もレジスタ r を自分の計算に使用している。f が，g の呼出しを挟んで，r を使い続けるためには，g が r を使用する前に，その値を保存し，g の使用が終了したあとに，r に元の値を回復させなければならない。

このレジスタの保存と回復は，呼出し側 f か呼び出され側 g のいずれかで対にして行われる。そして，通常，f と g のどちらで保存されるかは，レジスタ

[†] 正確には，レジスタ`%al`にセットするというのが正しい。本書では，説明を簡単にするために，なるべく64ビットレジスタを用いて説明する。

ごとに決まっている．呼出し側が保存と回復を担うレジスタは，**呼出し側保存レジスタ** (caller–save register) と呼ばれ，f が，g の呼出し前に f のフレームに保存し，g が戻ったあとに回復する．一方，呼び出され側が担うレジスタは，**呼び出され側保存レジスタ** (callee–save register) と呼ばれ，g の入口で g のフレームに保存し，g の出口で回復する．

各レジスタが，呼出し側保存と呼び出され側保存のどちらに属するかは，ハードウェアで決まっているのではなく，標準の呼出し規約によって互換性を考慮した慣習として与えられる．System V ABI では，`%rbp`, `%rbx`, `%r12`～`%r15` が呼び出され側保存レジスタに指定されており，Microsoft x64 では，System V ABI の呼び出され側保存レジスタに加え，`%rsp`, `%rdi` と`%rsi` が指定されている．すなわち，これらのレジスタについては，ほかの関数を呼び出しても壊される心配がないと考えてよい．その代わり，呼び出され側が使用する場合は，呼び出され側の入口で保存し，出口で回復しなければならない．一方，残りのレジスタは，関数を呼び出せば，壊される可能性がある．すなわち，呼出し側が使い続けたければ自分で保存し，回復する必要がある（呼出し側保存）．

呼出し側保存レジスタは，必要な場合だけ保存すればよいので，関数 f が関数 g を呼び出すまでに，レジスタの使用が終わっているなら，g の前後で保存と回復を行う必要はない．また，f が複数の関数を呼び出す場合，呼び出され側保存レジスタを利用すると，f 内の保存と回復は，入口と出口の1回ずつになる．もし，呼び出され側がそのレジスタを使用しなければ，そのほかの保存と回復は必要ない．このように，呼出し側保存レジスタと呼び出され側保存レジスタを上手く利用すると，関数呼出しの効率的な実行に役立つ．

〔**4**〕 **スタックアラインメント** System V ABI と Microsoft x64 呼出し規約では，実行スタックが16バイトでアラインメントされていることが必要である．図 **6.7** に示すように，call 命令が実行される直前の`%rsp`の位置が，16バイト境界にそろっていなければならない．

このアラインメントは，おもにストリーミング SIMD 拡張 (streaming SIMD extension, SSE) 命令を使用するために必要になる条件である．SSE 命令を使

6.2 関数呼出しと駆動レコード

位置	スタック	
8*n+16(%rbp)	8バイトメモリ引数 n	
	...	16 の倍数バイト
16(%rbp)	8バイトメモリ引数 0	
8(%rbp)	戻りアドレス	
0(%rbp)	以前の %rbp 値	
-8(%rbp)		
	...	
0(%rsp)		

図 6.7　16 バイトのスタックアラインメント

用していなくても，ライブラリ関数を呼んでいる場合は，フレームのサイズに注意が必要である．

6.2.4 非局所データの参照

Simple や OCaml を含めた多くの言語は，関数を入れ子に宣言できる．入れ子になった関数では，内側の関数から外側の関数で宣言された局所変数を参照することができる．このような特徴を**ブロック構造** (block structure) という．

例えば，図 6.8 に示す Simple 言語のプログラムでは，関数 sort が外側の変数 size を参照する．この一番外側のブロックを，以下，関数 main と呼ぶ．sort の内側の関数 min は，size のほかに main の配列変数 a を参照する．また，sort の仮引数 i も参照する．さらに min の内側の関数 swap も，a を参照する．

すなわち，各関数は，自分のフレームだけでなく，その関数を囲んでいる外側のフレームにアクセスできなければならない．

このようにほかの関数のフレームにアクセスできるようにするためには，つぎのような方法がある．

静的リンク　各関数 f のフレームに，その関数を一つ外側で囲む関数 g の

```
1   {
2       int[10] a;
3       int size;
4       void init() { ... }
5       void print() { ... }
6
7       void sort(int i) {
8           void min (int j) {
9               void swap(int i, int j) {
10                  int tmp;
11
12                  tmp = a[i];
13                  a[i] = a[j];
14                  a[j] = tmp;
15              }
16
17              if (j < size) {
18                  if (a[j] < a[i]) swap(i,j);
19                  min (j+1);
20              }
21          }
22
23          if (i < size) {
24              min(i+1);
25              sort(i+1);
26          }
27      }
28
29      size = 10;
30      new(a);
31      init();
32      sort(0);
33      print();
34  }
```

図 **6.8** Simple 言語で記述した単純ソートのプログラム

フレームへのポインタを保持しておく。このポインタを**静的リンク** (static link) という。入れ子レベル i の関数から，入れ子レベル j の関数で宣言された変数 x を参照する場合，$i-j$ だけ静的リンクをたどれば，x のフレームに到達できる。

ディスプレイ　　大域配列 d を用意し，フレームへのポインタを要素として

管理する.この配列を**ディスプレイ** (display) という[4]。$d[i]$ には,最近実行された入れ子レベル i の関数のフレームのポインタを保持する.ほかの関数のフレームは,その入れ子レベルを添え字としてディスプレイから取り出すことができる.

図 **6.9** と図 **6.10** は,それぞれ図 6.8 を実行したときの実行スタック上の静的リンクとディスプレイの様子を示している.両方の図 (a) は,図 6.8 の 32 行目で sort が呼ばれ,24 行目で min が呼ばれたあと,18 行目で swap が呼ばれたときの様子を示している.

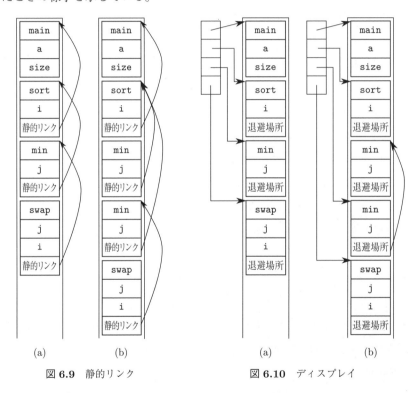

図 **6.9** 静的リンク   図 **6.10** ディスプレイ

図 6.9(a) の静的リンクを用いる場合,入れ子レベル 2 の min で,レベル 0 の配列変数 a を参照するのは,2 − 0 の 2 回静的リンクをたどることになる.また,同じ min で,入れ子レベル 1 の sort の仮引数 i を参照するのは,1 − 0 の

1回静的リンクをたどればよい．また，入れ子レベル3の`swap`が`a`を参照するためには，3回静的リンクをたどればよいことがわかる．

一方，図6.10でディスプレイdを用いる場合は，単純である．`main`のフレームが必要なら，$d[0]$をとおしてアクセスし，`sort`のフレームが必要なら，$d[1]$をとおしてアクセスするだけでよい．

〔**1**〕**静的リンクの設定**　関数f_pが関数f_xを呼び出すとき，f_xに適切な静的リンクを渡すのはf_pの責任である．f_pは，f_xの一つ外側で囲んでいる関数の最も最近実行されたフレームを探し，そのポインタをf_xに渡す．

図6.9の実行ではつぎのようになる．

① 図(a)では，それぞれの呼出しが，一つ内側の関数への呼出しなので，呼出し側は，自分のフレームへのポインタを呼び出され側に渡せばよい．

② 図(b)は，図(a)の状態から`swap`の実行が完了し，`min`の2回目の呼出しが行われたあと，再度`swap`が呼び出された状態を表している．2回目の`min`を呼び出すのは，`min`自身なので，静的リンクを1回たどった先のフレームへのポインタを渡す．

　再度呼び出される`swap`については，図(a)のときと同様に，2回目の`min`が自分のフレームへのポインタを渡せばよい．

入れ子レベルn_pの関数f_pが，入れ子レベルn_xの関数f_xを呼び出すとき，静的リンクは，つぎの規則に従って設定することができる．

- $n_p < n_x$のとき：f_xがf_pのすぐ内側で宣言されている場合しかないので，f_pのフレームを，静的リンクとしてf_xに渡す．
- $n_p \geq n_x$のとき：入れ子レベル$1, 2, \cdots, n_x - 1$の関数は，f_p, f_xで共通なので，f_pの静的リンクを$n_p - n_x + 1$回たどって得られるフレームを，静的リンクとしてf_xに渡す．

〔**2**〕**ディスプレイの設定**　入れ子レベルiの関数fが呼び出されるとき，ディスプレイdを，つぎのように設定する．

① $d[i]$の値をfのフレームに退避する．

② $d[i]$にfのフレームへのポインタを代入する．

関数 f の実行が完了する際には，退避しておいた値を $d[\mathrm{i}]$ に戻す。

図 6.10(b) では，入れ子レベル 2 の min が再帰的に再度呼び出される。そこで，$d[2]$ を 2 回目の min のフレームに退避し，このフレームへのポインタを $d[2]$ に代入する。

ディスプレイは，任意の入れ子レベルのフレームに同じコストでアクセスできるので，関数の入れ子が深いプログラムには有利である。しかしながら，各フレームへのアクセスは，ディスプレイを介して行われるので，静的リンクを用いる場合よりもコストがかかる場合がある。

7章 コード生成

◆本章のテーマ

　本章では，抽象構文木や中間表現から目的コードを生成するコード生成 (code generation) を扱う。コード生成を行うフェーズをコード生成器 (code generator) という。コード生成器の目的は，目的機械の資源を最大限に利用して，より効率的な（場合によっては，よりサイズが小さい）目的コードを生成することである。したがって，コード生成器は，目的機械に大きく依存する。

　実践的な最適化コンパイラでは，コード生成前に，プログラム解析によって詳細な情報を集め，それを基に，プログラムを効率化する高度なプログラム変形を適用するのが普通である。

　本書は，コンパイラの仕組みを理解するとともに，実験をとおして，目的コードの理解をさらに深められることを目的にしている。そこで，優れた目的コードを生成する高度な手法は，ほかの文献に譲って，目的コードも x64 アセンブリコードに限定する。その代わり，単純であるが実際に動く目的コードの生成法を紹介し，生成したアセンブリコード上で実際に動作する単純な最適化手法を取り上げる。

◆本章の構成（キーワード）

- 7.1 コード生成の準備
- 7.2 式のコード生成
  - 定数と変数，算術演算，関数呼出し
- 7.3 文のコード生成
  - 代入文，C ライブラリを呼び出す仮想関数，return 文，手続き呼出し，関係演算と分岐，ブロックのコード生成
- 7.4 宣言の処理
  - 型宣言の処理，関数のコード生成
- 7.5 プログラムのコード生成
- 7.6 Simple コンパイラの完成
- 7.7 コード最適化
  - 冗長な命令の削除，制御フローの最適化

◆本章を学ぶと以下の内容をマスターできます

- ☞ 各構文とコード生成の関係
- ☞ Simple コンパイラのコード生成
- ☞ のぞき穴最適化の仕組みと実現

7.1 コード生成の準備

Simpleコンパイラのコード生成器は，図 7.1 に示すように，抽象構文木を入力として，x64 アセンブリコードを tmp.s に生成する．

図 7.1　Simpleコンパイラのコード生成器

通常，生成されたアセンブリコードは，アセンブラによってオブジェクトコードに変換される．オブジェクトコードは，リンカによって，ほかのオブジェクトコードやライブラリとリンクされ†，実行可能コードが生成される．

Simpleコンパイラは，実験のしやすさを考慮して，アセンブラとリンカを個別に呼び出す代わりに gcc を呼ぶ．gcc は，拡張子 .s のファイルに対して，アセンブラとリンカを適切なオプションで呼び出し，必要なライブラリとリンクして，実行ファイル a.out を生成する．

このとき，gcc のスタートアップルーチンもリンクされる．スタートアップルーチンは，最初に main 関数を呼び出すので，目的コードの主プログラムは，main 関数の体裁を持たなければならない．

〔1〕 **コード生成の方針**　　Simpleコンパイラが扱うデータは，8バイト（64ビット）の整数であり，使用するレジスタも 8 バイトである．命令には 8 バイト用の命令を用いる．

〔2〕 **フレームレイアウト**　　図 7.2 に，Simple コンパイラが用いるフレームレイアウトを示す．つぎの点に注意が必要である．
- 実引数は，統一的に扱うために，すべてスタックで渡す．フレーム内では，第 1 引数，第 2 引数，… を，%rbp+24，%rbp+32，… で参照する．

---

† オブジェクトコードでは，決定できないアドレスをシンボルとして表現しているので，ほかのオブジェクトコードやライブラリとともに，リンカによって実際のアドレスに書き換える．

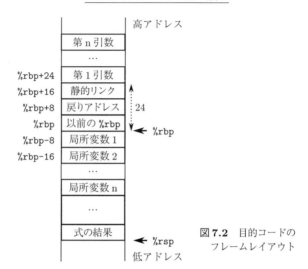

図 7.2 目的コードの
フレームレイアウト

- 静的リンクは，第 1 引数の前に，第 0 引数として渡す．フレーム内では，%rbp+16 として参照する．
- フレームのサイズは，16 の倍数バイトにし，静的リンクを含めた実引数の合計も 16 の倍数バイトにする（呼出し規約を参照）．

〔3〕レジスタの使用と式の計算　　レジスタは，補助的に使用するだけである．%rsp や%rbp のような用途の決まったレジスタや，ライブラリ関数を呼ぶ際の引数渡しに用いるレジスタ以外は，%rax と%rbx だけを用いる．

式を計算して得られた結果はスタックのトップに生成するようにする．すなわち，式が単項演算の場合，スタックのトップがオペランドであり，2 項演算の場合は，実行順に，%rsp+8, %rsp（スタックトップ）がオペランドになる．

〔4〕コード生成器の概観　　コード生成を行う関数は，構文木 ast を引数として取り，入れ子レベル nest と記号表 env の文脈で，対応するアセンブリコードを文字列にして返す．生成したコードは，関数の単位で，参照型の変数 output に付加して更新していく．図 7.3 に，コード生成関数の概観を示す．コード生成関数は，型検査関数とよく似ており，構文木の各部を処理する相互再帰関数になっている．構文木への適用は，構文木の構造を考慮して，左から

7.2 式のコード生成

```
let output = ref ""
let rec  trans_var ast nest env =
    ...  (* 左辺値の処理 *)
and trans_exp ast nest env =
    ...  (* 式の処理 *)
and trans_cond ast nest env =
    ...  (* 関係演算の処理 *)
and trans_stmt ast nest tenv env =
    ...  (* 文の処理 *)
and trans_dec ast nest tenv env =
    ...  (* 宣言の処理 *)
and trans_prog ast =
    ...  (* main 関数の処理 *)
```

図 **7.3** コード生成関数の概観

右に深さ優先で行う。

7.2 式のコード生成

式のコード生成は，定数，変数参照，左辺値，算術演算，関数呼出しに分けられる。いずれも結果の値を持ち，最後にその値をスタックにプッシュする。

7.2.1 定数と変数

〔1〕 定 数　　整数定数の扱いは，簡単である。構文木「IntExp i」の i の値 i を，スタックにプッシュするつぎのようなコードを生成すればよい。

　　　pushq $$i$

定数のコード生成部は，図 **7.4**[†] のようになる。

〔2〕 変数参照　　変数参照「VarExp v」は，左辺値 v の計算結果を用いて値を取り出す。左辺値の計算は，関数 trans_var が行う。trans_var が生成するコードは，trans_exp と少し違っていて，左辺値の計算結果であるアドレスをレジスタ%rax に入れて返す。したがって，「(%rax)」から値を取り出し，

[†] OCaml では，sprintf や printf のような C 言語風の関数を使用することができる。本書でも，記述が簡単になる場合には，積極的に使用する。

```
(* File emitter.ml *)
trans_exp ast nest env =
    match ast with
        IntExp i -> (sprintf "\tpushq $%d\n" i)
        ...
```

図 **7.4** 定数のコード生成部

その値をスタックにプッシュするつぎのコードを生成する。

```
movq (%rax), %rax
pushq %rax
```

変数参照のコード生成部は，図 **7.5** のようになる。

```
(* File emitter.ml *)
trans_exp ast nest env =
    match ast with
        ...
      | VarExp v ->
            trans_var v nest env
          ^ "\tmovq (%rax), %rax\n"
          ^ "\tpushq %rax\n"
```

図 **7.5** 変数参照のコード生成部

〔**3**〕 **左辺値** 左辺値「Var s」のコードは，記号表から得られる識別子 s の情報（オフセット *offset* と入れ子レベル *level*）が基になる。まず，参照する側の入れ子レベル *nest* と *level* を用いて，変数が割り付けられているフレームを取り出すコードを生成する。

```
movq %rbp, %rax
movq 16(%rax), %rax
...
```

「...」で示した部分は，「movq 16(%rax), %rax」を「*nest-level*」だけ繰り返すことを意味している。「16(%rax)」には静的リンクが格納されているので，この movq 命令の繰返しによって，「*nest-level*」回静的リンクをたどるコードになる。

あとは，得られたフレームを指す %rax と *offset* から，つぎのように左辺値を計算すればよい。

```
leaq  offset(%rax), %rax
```

最終的に，左辺値の結果は%raxに得られるようにする。

単純変数の左辺値のコード生成部は図7.6のようになる。関数nCopyStrは，「nCopyStr *n str*」によって，*str*を*n*個コピーする関数である。

```
(* File emitter.ml *)
trans_var ast nest env =
   match ast with
      Var s -> let entry = env s in
         (match entry with
            VarEntry {offset=offset; level=level; ty=_} ->
               "\tmovq %rbp, %rax\n"
               ^ nCopyStr (nest-level) "\tmovq 16(%rax), %rax\n"
               ^ sprintf "\tleaq %d(%%rax), %%rax\n" offset
            ...
```

図 7.6 変数の左辺値のコード生成部

配列要素の左辺値「IndexedVar (*v, size*)」は，添え字*size*から，配列の先頭アドレスからのオフセットを計算するコードと，配列の先頭アドレスである配列変数*v*の値を取り出すコードが必要である。

オフセットは$8*size$の計算で求まるので，この計算を表す構文木を作成し，trans_expでコードを生成する。結果はスタックトップに得られる。

つぎに，trans_varを用いて，*v*から%raxに先頭アドレスを取り出すコードを生成する。最終的に%raxを計算済みのオフセット値と合計して，要素の左辺

```
(* File emitter.ml *)
trans_var ast nest env =
   match ast with
      ...
      | IndexedVar (v, size) ->
         trans_exp (CallFunc("*", [IntExp 8; size])) nest env
            ^ trans_var v nest env
            ^ "\tmovq (%rax), %rax\n"
            ^ "\tpopq %rbx\n"
            ^ "\tleaq (%rax,%rbx), %rax\n"
```

図 7.7 配列要素の左辺値のコード生成部

値を得るコードを生成する。

```
movq (%rax), %rax
popq %rbx
leaq (%rax,%rbx), %rax
```

配列要素の左辺値のコード生成部は，図 **7.7** のようになる。

7.2.2 算術演算

算術演算は，スタックトップにオペランドがあるので，スタック上のオペランドを命令から直接参照して，スタック操作命令を減らす。また，結果もスタック上のオペランドの値を上書きするようにすると，スタック操作命令をさらに減らすことができる。

〔**1**〕**加算** 加算には，つぎに示すように addq 命令を用いたコードを生成する。

```
popq %rax
addq %rax, (%rsp)
```

addq は，結果を格納する第 2 オペランドにメモリ参照が許されているので，第 1 オペランドを%rax にポップし，二つ目のオペランドは，スタックトプ（「(%rsp)」）で参照すると，スタックトップが結果で上書きされる。

加算のコード生成部を図 **7.8** に示す。オペランドの構文木 left と right を trans_exp でコード生成したあと，加算のコードを付加する。

```
(* File emitter.ml *)
and trans_exp ast nest env =
   match ast with
      ...
      | CallFunc ("+", [left; right]) ->
            trans_exp left nest env
          ^ trans_exp right nest env
          ^ "\tpopq %rax\n"
          ^ "\taddq %rax, (%rsp)\n"
```

図 **7.8** 加算のコード生成部

〔**2**〕**減算** 減算のコード生成は，subq 命令を用いることを除いて，加算と同じである。コード生成部は，図 **7.9** のようになる。

```
(* File emitter.ml *)
and trans_exp ast nest env =
   match ast with
      ...
      | CallFunc ("-", [left; right]) ->
            trans_exp left nest env
          ^ trans_exp right nest env
          ^ "\tpopq %rax\n"
          ^ "\tsubq %rax, (%rsp)\n"
```

図 **7.9** 減算のコード生成部

〔3〕**乗　算**　乗算のコードは，imulq を用いる。imulq は，結果を格納する第 2 オペランドでメモリ参照が許されていないので，つぎのように，第 2 オペランドに指定したレジスタ%rax の値を，スタックトップに上書きする。

```
popq %rax
imulq (%rsp), %rax
movq %rax, (%rsp)
```

乗算のコード生成部は，図 **7.10** のようになる。ほかの算術演算と同様に，オペランドのコードを生成したあと，乗算のコードを付加する。

```
(* File emitter.ml *)
trans_exp ast nest env =
   match ast with
      ...
      | CallFunc ("*", [left; right]) ->
            trans_exp left nest env
          ^ trans_exp right nest env
          ^ "\tpopq %rax\n"
          ^ "\timulq (%rsp), %rax\n"
          ^ "\tmovq %rax, (%rsp)\n"
```

図 **7.10** 乗算のコード生成部

〔4〕**除　算**　除算のコードは，idivq 命令を用いる。「idivq *reg*」は，%rdx:%rax を *reg* で除算し，%rax に商，%rdx に剰余を格納する。そこで，まず，割る数を%rbx にポップし，割られる数を%rax にポップする。%rdx は使用しないので，cqto 命令を使って%rax を符号拡張する。つぎに idivq %rbx を実行すると，結果が%rax に得られるので，スタックにプッシュする。一連の

コードは，つぎのとおりになる。

```
popq %rbx
popq %rax
cqto
idivq %rbx
pushq %rax
```

除算のコード生成部は，図 7.11 のようになる。ほかの算術演算と同様に，オペランドのコードを生成したあと，除算のコードを付加する。

```
(* File emitter.ml *)
trans_exp ast nest env =
  match ast with
    ...
    | CallFunc ("/", [left; right]) ->
        trans_exp left nest env
      ^ trans_exp right nest env
      ^ "\tpopq %rbx\n"
      ^ "\tpopq %rax\n"
      ^ "\tcqto\n"
      ^ "\tidivq %rbx\n"
      ^ "\tpushq %rax\n"
```

図 7.11　除算のコード生成部

〔5〕**符号反転**　符号反転のコードは，negq 命令を用いる。negq は，唯一のオペランドにメモリ参照が許されているので，単にスタックのトップを指定すればよい。生成コードは，つぎのようになる。

```
negq (%rsp)
```

符号反転のコード生成部は，図 7.12 のようになる。他の算術演算と同様に，オペランドのコードを生成したあと，符号反転のコードを付加する。

```
(* File emitter.ml *)
trans_exp ast nest env =
  match ast with
    ...
    | CallFunc("!", arg::_) ->
        trans_exp arg nest env
      ^ "\tnegq (%rsp)\n"
```

図 7.12　除算のコード生成部

7.2.3 関数呼出し

関数呼出しのコードは，基本的に，文で扱う手続き呼出しと同じである．返戻値がある場合は，return 文がレジスタ%rax に結果を格納するので，%rax をスタックにプッシュしなければならないところが異なる．

そこで，関数呼出しのコード生成部は，構文木 CallProc のコード生成を利用して，図 7.13 のようになる．

```
(* File emitter.ml *)
trans_exp ast nest env =
  match ast with
      ...
    | CallFunc (s, el) ->
        trans_stmt (CallProc(s, el)) nest initTable env
      ^ "\tpushq %rax\n"
```

図 7.13　除算のコード生成部

7.3　文のコード生成

文のコード生成部では，図 7.14 に示すように，先頭で関数 type_stmt による型検査を行う．

```
(* File emitter.ml *)
trans_stmt ast nest tenv env =
    type_stmt ast env;
    match ast with
       ...
```

図 7.14　型検査の実行

文は結果の値を持たないので，おもな振舞いは，変数への代入，特殊文，手続き呼出し，制御構造の導入である．

7.3.1 代入文

代入文のコード生成は，左辺値の計算結果%raxを用いて，つぎのように右辺の式の結果を「(%rax)」にポップする．

```
popq (%rax)
```

図 7.15 に，代入文のコード生成部を示す．

```
(* File emitter.ml *)
trans_stmt ast nest tenv env =
    ...
    match ast with
      | Assign (v, e) -> trans_exp e nest env
                       ^ trans_var v nest env
                       ^ "\tpopq (%rax)\n"
```

図 7.15　代入文のコード生成部

7.3.2　Cライブラリを呼び出す仮想関数

入出力とヒープ領域の確保は，C言語のライブラリ関数を利用する．ライブラリ関数の呼出しは，呼出し規約に従って行わなければならないので，引数をレジスタで渡す．

整数値の入出力には，scanf と printf を利用する．どちらも，フォーマット指定子%lldを含む文字列が第1引数になるので，共通の文字列をラベル IO に割り当て，入出力の両方で利用する．

```
IO:
    .string "%lld"
    .text
```

〔1〕　**整数値の印字**　　整数値の出力は，iprint 文で行う．iprint(*arg*) のコードは，*arg* の計算が終了していると仮定すると，つぎのような printf の呼出しになる．印字する値を第2引数用レジスタ%rsi（Cygwinでは%rdx）にポップし，ラベル IO を第1引数用レジスタ%rdi（Cygwinでは%rcx）に格納する．そのあとで，printf（Mac OS Xでは_printf）を呼ぶ．生成コードは，つぎのようになる．

```
    popq %rsi              # Cygwin では "%rsi -> %rdx"
    leaq IO(%rip), %rdi    # Cygwin では "%rdi -> %rcx"
    movq $0, %rax          # Cygwin では不要
  # subq $32, %rsp           Cygwin では必要
    callq printf           # Mac OS X では "_printf"
  # addq $32, %rsp           Cygwin では必要
```

図 7.16 は，iprint 文のコード生成部を示している。trans_exp を用いて，引数である式 arg のコードを生成したあと，上記のコードを付加する。

```
(* File emitter.ml *)
trans_stmt ast nest tenv env =
  ...
  match ast with
    | CallProc ("iprint", [arg]) ->
            (trans_exp arg nest env
          ^ "\tpopq  %rsi\n"           (* Cygwin: %rsi -> %rdx *)
          ^ "\tleaq IO(%rip), %rdi\n"  (* Cygwin: %rdi -> %rcx *)
          ^ "\tmovq $0, %rax\n"        (* Cygwin: 不要 *)
(* Cygwin: ^ "\tsubq $32, %rsp\n" *)
          ^ "\tcallq printf\n"         (* Mac OS X: _printf *)
(* Cygwin: ^ "\taddq $32, %rsp\n" *) )
```

図 7.16 iprint 文のコード生成部

〔2〕 文字列の印字　　文字列 *str* の印字は，sprint 文で行う。sprint 文のコードは，iprint 文のコードとよく似ているが，引数のコードを生成する代わりに，印字する文字列を定義する。文字列に設定するラベルは，整数値 n を用いて，Ln とする。生成コードは，つぎのようになる。

```
        .data
   Ln:  .string "str"
        .text
```

いったん文字列が定義できてしまうと，そのラベルを第 1 引数として，レジスタ %rdi（Cygwin では %rcx）に Ln を格納し，printf（Mac OS X では _printf）を呼ぶ。生成コードはつぎのようになる。

```
    leaq Ln(%rip), %rdi  # Cygwin では "%rdi -> %rcx"
    movq $0, %rax        # Cygwin では不要
  # subq $32, %rsp         Cygwin では必要
    callq printf         # Mac OS X では "_printf"
  # addq $32, %rsp         Cygwin では必要
```

図7.17 に，sprint 文のコード生成部を示す．先頭で，incLabel を呼んで，新しい整数 l を生成している．この l を用いて，文字列のラベルを用意している．

```
(* File emitter.ml *)
trans_stmt ast nest tenv env =
   ...
   match ast with
     | CallProc ("sprint",(StrExp s)::_) ->
              (let l = incLabel () in
                  "\t.data\n"
                ^ sprintf "L%d:\t.string %s\n" l s
                ^ "\t.text\n"
                ^ sprintf "\tleaq L%d(%%rip), %%rdi\n" l
                  (* Cygwin: %rdi -> %rcx *)
                ^ "\tmovq $0, %rax\n"
    (* Cygwin: ^ "\tsubq $32, %rsp\n" *)
                ^ "\tcallq printf\n" (* Mac OS X: _printf *)
    (* Cygwin: ^ "\taddq $32, %rsp\n" *) )
```

図 7.17　sprint 文のコード生成部

〔3〕**整数の入力**　整数の入力は scan 文で行う．scan 文のコードは，引数の左辺値の計算が終了していると仮定して，つぎのような scanf の呼出しになる．左辺値の計算結果は，レジスタ %rax にあるので，第 2 引数用レジスタ %rsi に転送し，ラベル IO を第 1 引数用レジスタの %rdi に格納したあと，scanf を呼び出す．生成コードはつぎのようになる．

```
movq %rax, %rsi
leaq IO(%rip), %rdi
movq $0, %rax
callq scanf
```

図 7.18 に，scan 文のコード生成部を示す．引数の変数「VarExp v」の v に関数 trans_var を適用して，左辺値を計算するコードを生成し，上記のコードを付加する．

〔4〕**ヒープ領域の確保**　配列の領域確保は，new 文で行う．new 文のコードはつぎのようになる．まず，配列のサイズ *size* を第 1 引数用レジスタの %rdi に格納し，malloc を呼び出したあと，結果をスタックにプッシュする．

7.3 文のコード生成

```
(* File emitter.ml *)
trans_stmt ast nest tenv env =
  ...
  match ast with
    | CallProc ("scan", [VarExp v]) ->
        (trans_var v nest env
         ^ "\tmovq %rax, %rsi\n"      (* Cygwin: %rsi -> %rdx *)
         ^ "\tleaq IO(%rip), %rdi\n"  (* Cygwin: %rdi -> %rcx *)
         ^ "\tmovq $0, %rax\n"        (* Cygwin: 不要 *)
  (* Cygwin: ^ "\tsubq $32, %rsp\n" *)
         ^ "\tcallq scanf\n")         (* Mac OS X: _scanf *)
  (* Cygwin: ^ "\taddq $32, %rsp\n" *) )
```

図 **7.18** scan 文のコード生成部

```
movq $size, %rdi
callq malloc
pushq %rax
```

つぎに，new に引数として渡された変数 v の左辺値を計算する。

このあと，つぎのように，malloc の結果を「(%rax)」（変数 v）にポップする。

```
popq (%rax)
```

図 **7.19** に，new 文のコード生成部を示す。配列のサイズは，関数 calc_size を使って，左辺値の型から求めている。また，代入先変数「VarExp v」の左辺

```
(* File emitter.ml *)
trans_stmt ast nest tenv env =
  ...
  match ast with
    | CallProc ("new", [VarExp v]) ->
        let size = calc_size (type_var v env) in
        sprintf "\tmovq $%d, %%rdi\n" size
                  (* Cygwin: %rdi -> %rcx *)
  (* Cygwin: ^ "\tsubq $32, %rsp\n" *)
         ^ "\tcallq malloc\n"           (* Mac OS X: _malloc *)
  (* Cygwin: ^ "\taddq $32, %rsp\n" *)
         ^ "\tpushq %rax\n"
         ^ trans_var v nest env
         ^ "\tpopq (%rax)\n"
```

図 **7.19** new 文のコード生成部

値の計算は，vにtrans_varを適用している。

7.3.3 return文

return文のコード生成部は簡単である。引数の式を，trans_expでコード生成したあと，レジスタ%raxにポップすればよい。

図7.20に，return文のコード生成部を示す。

```
(* File emitter.ml *)
trans_stmt ast nest tenv env =
   ...
   match ast with
     | CallProc ("return", [arg]) ->
            trans_exp arg nest env
          ^ "\tpopq %rax\n"
```

図 7.20　return文のコード生成部

7.3.4 手続き呼出し

手続き呼出しのコードは，実引数のコード，渡す静的リンクのコード，callq命令からなる。この一連のコードは，返戻値の処理を除いて，式の関数呼出しと同じである。

〔1〕 実引数のコード　　まず，記号表を関数名で探索し，つぎのように関数の入れ子レベルlevelを調べる。

```
| CallProc (s, el) ->
    let entry = env s in
        (match entry with
            (FunEntry {formals=_; result=_; level=level}) ->
```

また，実引数リストelの要素数を調べて，16バイト境界（要素数が偶数）になっていなければ，境界を合わせるために0をプッシュするコードを生成する。

```
(if (List.length el) mod 2 = 1 then "" else "\tpushq $0\n")
```

つぎに，実引数として与えられたすべての式にtrans_expを適用して，コードを生成する。

```
^ List.fold_right  (fun  ast code -> code
^ (trans_exp ast nest env)) el ""
```

7.3 文のコード生成

〔2〕 **静的リンクを渡すコード**　呼び出され側に静的リンクを渡すコードは関数 passLink が生成する。passLink は呼出し側の入れ子レベル src が呼び出され側の入れ子レベル dst より大きい場合，変数参照と同様の方法で静的リンクを src-dst+1 だけたどってスタックにプッシュするコードを生成する。

```
movq %rbp, %rax
movq 16(%rax), %rax
...
pushq %rax
```

「movq 16(%rax), %rax」は，src-dst+1 個並ぶ。そうでなければ，現在のフレーム %rbp をプッシュするコードを生成する。

図 7.21 に，passLink を示す。

```
(* File emitter.ml *)
let passLink src dst =
  if src >= dst then
    let deltaLevel = src-dst+1 in
      "\tmovq %rbp, %rax\n"
    ^ nCopyStr deltaLevel "\tmovq 16(%rax), %rax\n"
    ^ "\tpushq %rax\n"
  else
    "\tpushq %rbp\n"
```

図 7.21　passLink

〔3〕 **手続き呼出しと後処理**　引数と静的リンクのスタックへのプッシュが完了したら，つぎのように手続き s を呼び出すコードを生成する。

```
callq s
```

呼出しから戻ったあとは，引数をプッシュして増加したスタックを戻しておかなければならない。プッシュしたものは，引数と静的リンクであるが，16 の倍数に調整しているので，戻すサイズ $size$ は，OCaml のつぎの計算で求まる。

```
(List.length el + 1 + 1) / 2 * 16
```

したがって，つぎのコードを生成する。

```
addq $size, %rsp
```

手続き呼出しの一連のコード生成をまとめると，図 7.22 のようになる。

```
(* File emitter.ml *)
trans_stmt ast nest tenv env =
    ...
    match ast with
      | CallProc (s, el) ->
          let entry = env s in
            (match entry with
              (FunEntry {formals=_; result=_; level=level}) ->
                (if (List.length el) mod 2 = 1
                    then "" else "\tpushq $0\n")
                ^ List.fold_right
                    (fun ast code ->
                       code ^ (trans_exp ast nest env)) el ""
                ^ passLink nest level
                ^ "\tcallq " ^ s ^ "\n"
                ^ sprintf "\taddq $%d, %%rsp\n"
                            ((List.length el + 1 + 1) / 2 * 16)
```

図 **7.22** 返戻値のない関数呼出しのコード生成

7.3.5 関係演算と分岐

関係演算は，cmpq 命令と条件分岐によって表現する．条件分岐を用いることによって，if 文や while 文のコードを実現できる．

〔1〕 **関係演算** cmpq 命令のオペランドには，レジスタ%rax と%rbx を用いる．したがって，関係演算のオペランド left と right を，関数 trans_exp でコード生成したあとに，つぎのようにレジスタにポップする．

```
popq %rax
popq %rbx
cmpq %rax, %rbx
```

続いて，条件分岐命令を用意する．ここで，条件分岐は，プログラム中の関係演算を反転したものを利用することに注意して欲しい．関係演算と用意する条件分岐の関係をまとめると，表 **7.1** のようになる．

条件分岐の分岐先ラベルは，関数 incLabel で新しいラベル番号 l を生成し，Ll とする．例えば，関係演算子が「>」のときの条件分岐のコードはつぎのようになる．

7.3 文のコード生成

表 7.1

関係演算子	生成する分岐	
>	<=	に当たる jle
<	>=	に当たる jge
>=	<	に当たる jl
<=	>	に当たる jg
==	!=	に当たる jne
!=	==	に当たる je

jle Ll

図 **7.23** は，関係演算のコード生成を行う関数 trans_cond を示している。trans_cond は，if 文や while 文のコードを生成する際に呼び出される。このとき，分岐先ラベルをどこに設定するかは，if 文や while 文のコードを生成する側の責任なので，trans_cond は，生成したコードだけでなく，分岐先ラベルの番号も組にして返す。

```
(* File emitter.ml *)
trans_cond ast nest env = match ast with
    | CallFunc (op, left::right::_) ->
        (let code = trans_exp left nest env
                  ^ trans_exp right nest env
                  ^ "\tpopq %rax\n"
                  ^ "\tpopq %rbx\n"
                  ^ "\tcmpq %rax, %rbx\n" in
            let l = incLabel () in
                match op with
                    "==" -> (code ^ sprintf "\tjne L%d\n" l, l)
                  | "!=" -> (code ^ sprintf "\tje L%d\n"l, l)
                  | ">"  -> (code ^ sprintf "\tjle L%d\n" l, l)
                  | "<"  -> (code ^ sprintf "\tjge L%d\n" l, l)
                  | ">=" -> (code ^ sprintf "\tjl L%d\n" l, l)
                  | "<=" -> (code ^ sprintf "\tjg L%d\n" l, l)
                  | _ -> ("",0))
```

図 **7.23** 関係演算のコード生成

〔**2**〕 **else なし if 文のコード生成**　　else なし if 文「if (*cond*) *stmt*」のコードは，trans_cond を関係演算 *cond* に適用することによってラベル番号 l を得ると仮定すると，つぎのようなコードになる。

$cond$ のコード
$stmt$ のコード
Ll:

$cond$ のコードの最後には，関係演算を反転した条件分岐があるので，関係演算の結果が真であれば，つぎの命令（$stmt$ のコード）が実行され，偽であれば，Ll に分岐し，$stmt$ のコードは実行されない．

図 7.24 に，else なし if 文のコード生成部を示す．

```
(* File emitter.ml *)
trans_stmt ast nest tenv env =
    ...
    match ast with
        ...
      | If (e,s,None) ->
          let (condCode,l) = trans_cond e nest env in
                    condCode
                  ^ trans_stmt s nest tenv env
                  ^ sprintf "L%d:\n" l
```

図 7.24 else なし if 文のコード生成部

〔3〕 **else 付き if 文のコード生成**　else 付き if 文「`if ( ` $cond$ ` ) ` $stmt_1$ `else ` $stmt_2$」のコードは，関数 `trans_cond` を $cond$ に適用した結果を l_1 として，ラベル Ll_1 を，$stmt_1$ と $stmt_2$ の間に配置する．このコードは，関係演算が偽であった場合，$stmt_1$ のコードを実行せずに $stmt_2$ のコードを実行するので正しく動作する．一方，関係演算が真であった場合は，$stmt_2$ を実行しないように，新しいラベル Ll_2 を $stmt_2$ の下に配置し，無条件分岐「`jmp ` Ll_2」を，Ll_1 の上に配置しなければならない．一連のコードはつぎのようになる．

$cond$ のコード
　　　$stmt_1$ のコード
　　　jmp Ll_2
Ll_1:
　　　$stmt_2$ のコード
Ll_2:

図 7.25 に，else 付き if 文のコード生成部を示す．

〔4〕 **while 文のコード生成**　while 文「`while ( ` $cond$ ` ) ` $stmt$」のコー

7.3 文のコード生成

```
(* File emitter.ml *)
trans_stmt ast nest tenv env =
    ...
    match ast with
        ...
      | If (e,s1,Some s2) ->
          let (condCode,l1) = trans_cond e nest env in
            let l2 = incLabel() in
              condCode
              ^ trans_stmt s1 nest tenv env
              ^ sprintf "\tjmp L%d\n" l2
              ^ sprintf "L%d:\n" l1
              ^ trans_stmt s2 nest tenv env
              ^ sprintf "L%d:\n" l2
```

図 **7.25** else 付き if 文のコード生成部

ド生成は，関数 trans_cond を $cond$ に適用した結果，ラベル番号 l_1 が得られたとして，つぎのようになる．

  Ll_2:
    $cond$ のコード
    $stmt$ のコード
    jmp Ll_2
  Ll_1:

ラベル Ll_1 は，ループからの脱出先になるので while 文のコードの最後に配置する．一方，$stmt$ のコードのつぎに配置した無条件分岐「jmp Ll_2」は，ルー

```
(* File emitter.ml *)
trans_stmt ast nest tenv env =
    ...
    match ast with
        ...
      | While (e,s) ->
          let (condCode, l1) = trans_cond e nest env in
            let l2 = incLabel() in
              sprintf "L%d:\n" l2
              ^ condCode
              ^ trans_stmt s nest tenv env
              ^ sprintf "\tjmp L%d\n" l2
              ^ sprintf "L%d:\n" l1
```

図 **7.26** while 文のコード生成部

プの継続を実現するので新しいラベル Ll_2 をコードの先頭に配置する。

図 **7.26** に，while 文のコード生成部を示す。

7.3.6 ブロックのコード生成

ブロックは，一つの文として用いられるだけでなく，関数の本体としても用いられる。

ブロックの処理は，宣言の並びの処理，フレームの拡張，文の並びのコード生成からなる。

〔1〕 **宣言の並びの処理**　まず，type_decs を用いて関数のシグネチャを含むすべての宣言の情報を型記号表あるいは値記号表に格納する。結果は拡張した二つの記号表と割り当て済みオフセット (tenv',env',addr') である。

つぎに，この拡張した記号表のもとで，trans_dec を適用することによって，関数定義のコードを生成する。

宣言部の処理はつぎのとおりである。

```
| Block (dl, sl) ->
    let (tenv',env',addr') = type_decs dl nest tenv env in
        List.iter (fun d -> trans_dec d nest tenv' env') dl;
```

〔2〕 **フレームの拡張**　ブロックでは，変数を宣言できるので，局所変数の割付けを行わなければならない。局所変数のサイズは，割り当て済みオフセット addr' として得られているので，フレームを addr' 分拡張する。このとき，拡張サイズを 16 の倍数にしなければならないことに注意が必要である。

フレーム拡張のコードは，つぎのとおりである。

```
let ex_frame = sprintf "\tsubq $%d, %%rsp\n" ((-addr'+16)/16*16) in
```

〔3〕 **文の並びのコード生成**　最後に，拡張した記号表の下で，ブロックに含まれるすべての文に，trans_stmt を適用して，コードを生成する。

文の並びのコード生成は，つぎのとおりである。

```
let code = List.fold_left
    (fun code ast -> (code ^ trans_stmt ast nest tenv' env')) "" sl
```

ブロックの一連の処理をまとめると，図 **7.27** に示すようになる。

```
(* File emitter.ml *)
trans_stmt ast nest tenv env =
  ...
  match ast with
    ...
    | Block (dl, sl) ->
        let (tenv',env',addr') = type_decs dl nest tenv env in
          List.iter (fun d -> trans_dec d nest tenv' env') dl;
          let ex_frame = sprintf "\tsubq $%d, %%rsp\n"
            ((-addr'+16)/16*16) in let code = List.fold_left
              (fun code ast -> (code ^ trans_stmt ast nest tenv'
                env')) "" sl in ex_frame ^ code
```

図 **7.27** ブロックの処理

7.4 宣言の処理

各宣言の処理は，関数 trans_dec で行う。trans_dec は，型識別子に型式を設定することと，関数本体のコードを生成することからなる。いずれも，先に，type_decs によって，型識別子と関数のシグネチャを記号表に登録しておくことによって，相互再帰的な定義を実現している。

7.4.1 型宣言の処理

型宣言の処理は簡単である。すでに型記号表に登録してある型識別子のエントリ NAME (_,ty_opt) を取り出し，参照型の ty_opt を，構文木から変換した型式で置き換える。

型宣言を処理する部分を図 **7.28** に示す。

```
(* File emitter.ml *)
let rec trans_dec ast nest tenv env =
  match ast with
    | TypeDec (s,t) ->
        let entry = tenv s in
          match entry with
            (NAME (_, ty_opt)) -> ty_opt := Some (create_ty t tenv)
```

図 **7.28** 型宣言の処理

7.4.2 関数のコード生成

〔1〕**関数本体のコード生成**　関数本体のコード生成は，仮引数の宣言によって拡張した値記号表の下でブロックのコード生成を行えばよい．仮引数の値記号表への登録は，`type_param_dec` で行う．

関数の本体のコード生成はつぎのようになる．

```
let env' = type_param_dec l (nest+1) tenv env in
    let code = trans_stmt block (nest+1) tenv env' in
```

〔2〕**関数の完全なコードの生成**　関数本体のコードを関数呼出しをとおして実行できるようにするためには，関数ラベル，%rbp の保存と %rsp の %rbp への転送 (prologue)，%rbp と %rsp の回復 (epilogue) のコードが必要である．

これらのコードを，つぎのように，関数本体のコード code に付加する．

```
    s ^ ":\n"
  ^ prologue
  ^ code
  ^ epilogue
```

一連の関数のコード生成をまとめると，図 **7.29** に示すようになる．生成したコードは，`output` に付加して更新する．

```
(* File emitter.ml *)
let rec trans_dec ast nest tenv env =
    match ast with
      FuncDec (s, l, _, block) ->
        let env' = type_param_dec l (nest+1) tenv env in
            let code = trans_stmt block (nest+1) tenv env' in
                output := !output ^
                    s ^ ":\n"
                  ^ prologue
                  ^ code
                  ^ epilogue
```

図 **7.29**　関数のコード生成

7.5 プログラムのコード生成

`trans_prog` は，プログラム全体を `main` 関数として呼び出せるようにする。生成コードの先頭は，つぎのコード `header` で始まる。

```
        .globl main
main:
        pushq %rbp
        movq %rsp, %rbp
```

プログラムは一つの文なので，入れ子レベル 0，型記号表と値記号表とを `initTabe` として，`trans_stmt` でコードを生成する。最後に，`epilogue` と生成済み関数を付加すると，プログラム全体が一つのアセンブリコードになる。

図 7.30 に，プログラムのコード生成を示す。

```
(* File emitter.ml *)
let trans_prog ast = let code = trans_stmt ast 0 initTable initTable in
                        io ^ header ^ code ^ epilogue ^ (!output)
```

図 7.30　プログラムのコード生成

7.6 Simple コンパイラの完成

最後に，Simple コンパイラを実行する主プログラムを示そう。

Simple コンパイラ simc は，Simple 言語で書かれたプログラムファイル *file* をつぎのようにコンパイルする。

```
┌─ Simple コンパイラの実行 ─────────────
│ > simc file ⏎
└─────────────────────────────────────
```

主プログラム main は，まず，入力ファイルと出力ファイル (`tmp.s`) をオープンする。「`Array.length Sys.argv`」はコマンドと引数の合計を表しており，この値が 1 より大きいときは，入力ファイルが `Sys.argv.(1)` に指定されてい

るのでオープンする．さもなければ，標準入力を用いる．

```
let cin =
  if Array.length Sys.argv > 1
       then open_in Sys.argv.(1)
  else stdin in
let lexbuf = Lexing.from_channel cin in
   let file = open_out "tmp.s" in
```

つぎに，構文解析器 Parser.prog を呼び出し，得られる構文木をコード生成器 Emitter.trans_prog に渡す．生成された文字列 code は，output_string を使って tmp.s に書き出す．

```
let code = Emitter.trans_prog (Parser.prog Lexer.lexer lexbuf) in
          output_string file code
```

最後に，Unix.system を使ってシェルを呼び出し，「gcc tmp.s」を実行する．

```
let _ = Unix.system "gcc tmp.s" in ()::
```

一連のプログラムまとめると，図 7.31 のようになる．

Simple コンパイラをコンパイルするには，OCamllex や OCamlyacc の実行

```
(* File sim.ml *)
let main () =
  let cin =
    if Array.length Sys.argv > 1
         then open_in Sys.argv.(1)
    else stdin in
  let lexbuf = Lexing.from_channel cin in
     let file = open_out "tmp.s" in
        let code = Emitter.trans_prog
           (Parser.prog Lexer.lexer lexbuf) in
        output_string file code; close_out file;
           let _ = Unix.system "gcc tmp.s" in ()

let _ = try main () with
        Parsing.Parse_error -> print_string "syntax error\n"
      | Table.No_such_symbol x -> print_string
        ("no such symbol: \""^x^"\"\n")
      | Semant.TypeErr s -> print_string (s^"\n")
      | Semant.Err s -> print_string (s^"\n")
      | Table.SymErr s -> print_string (s^"\n")
```

図 7.31 Simple コンパイラの主プログラム

のほか，ocamlc を複数回実行しなければならないので面倒である．そこで，図 **7.32** のような Makefile を用意しておくとよい．

```
FILE = parser.mly lexer.mll sim.ml \
       ast.ml types.ml table.ml semant.ml emitter.ml

simc: $(FILE)
ocamlyacc parser.mly
ocamllex lexer.mll
ocamlc -c ast.ml
ocamlc -c parser.mli
ocamlc -c lexer.ml
ocamlc -c parser.ml
ocamlc -c types.ml
ocamlc -c table.ml
ocamlc -c semant.ml
ocamlc -c emitter.ml
ocamlc -c sim.ml
ocamlc -o simc unix.cma ast.cmo lexer.cmo parser.cmo \
               types.cmo table.cmo semant.cmo emitter.cmo sim.cmo

clean:
rm -f *.cmi *.cmo parser.ml lexer.ml parser.mli simc print_ast
```

図 **7.32** Simple コンパイラの Makefile

いったん Makefile を用意すれば，いずれかのファイルを編集するたびに make を実行するだけでよい．

```
 ┌─ Simple コンパイラのコンパイル ──────────
 │ > make ⏎
```

7.7 コード最適化

プログラムを改良することによって，高速に実行できる目的プログラムを生成したり，サイズの小さい目的プログラムを生成したりすることを，**コード最適化** (code optimization)，あるいは単に**最適化** (optimization) と呼ぶ．コー

ド最適化を行う**最適化器** (optimizer) は，入力として受け取ったプログラム表現に，特別なプログラム変換を行う最適化ルーチンを適用する．最適化器は，複数のコード最適化ルーチンで構成されることが多く，プログラムは，各最適化ルーチンによって順に変換される．

コード最適化は，適用されるプログラム範囲によって，つぎの三つに大別できる．

① **のぞき穴最適化** (peephole optimization)：隣り合ったいくつかの命令を変換する．

② **手続き内大域最適化** (intraprocedural global optimization)：各手続きや関数内全体にわたって情報を集め，その手続きや関数単位でプログラムを変換する．

③ **手続き間最適化** (interprocedural optimization)：複数の手続きや関数について，一度に情報を集め，プログラムを変換する．

適用範囲は，のぞき穴最適化，手続き内大域最適化，手続き間最適化の順に広くなっている．コード最適化は，適用範囲が広くなればなるほど，情報を集める範囲も広くなるので，より効果の高いプログラム変換ができるようになる．一方で，情報を集めるための**プログラム解析** (program analysis) や，プログラム変換が複雑になるので，最適化器の実現は難しくなり，コード最適化にかかる時間は長くなる傾向がある．

手続き内大域最適化と手続き間最適化には，プログラム解析が重要であり，プログラム解析の詳細は，本書が扱う入門の範囲を超える．そこで，プログラム解析を必要としないのぞき穴最適化だけを説明する．例として，冗長な命令の削除と制御フローの最適化を取り上げる．

7.7.1　冗長な命令の削除

ファイル tmp.s に生成されたコードを見ればわかるように，Simple コンパイラが生成するアセンブリコードは，冗長な命令が多く非効率である．例えば，図 **7.33**(a) に示すような，pushq のすぐあとに popq が続く命令列は，図 (b)

図 7.33　冗長な pushq と popq の除去

のように，一つの movq 命令に置き換えることができる．pushq や popq のようなメモリを操作する命令は，大きな実行コストを必要とする場合があるので，レジスタどうしの転送に変換すると，プログラムの実行効率が高まる可能性がある．

また，「pushq %rax」と「popq %rax」のように，両オペランドが一致している場合は，movq 命令の挿入も不要になる．

このようなのぞき穴最適化は，決まったパターンを見つけて，決まった変換を適用するので，OCamllex を利用して簡単に実現できる．OCamllex での実現では，パターンを正規表現で記述し，対応する変換を動作として記述する．

図 7.34 は，pushq と popq が連続する命令列のパターンを正規表現で記述し，動作として対応する変換を記述している．rand は，カンマ，空白，改行を含まない一続きの文字列を表しており，任意のオペランドを表すのに用いる．同様に，'%' から始まる reg，'$' から始まる const は，それぞれ，レジスタと定数を表すのに用いる．pushq のオペランドを，レジスタか定数に制限して

```
let rand = [^ ',' ' ' '\n']+
let reg = '%' rand
let const = '$' rand

rule peephole = parse
| "\tpushq " ( (reg | const) as rand1 ) '\n'
  "\tpopq " ( rand as rand2 )
        { if rand1 <> rand2 then
            Printf.printf "\tmovq %s, %s" rand1 rand2;
                                          peephole lexbuf }
```

図 7.34　冗長な分岐の除去ののぞき穴最適化器

いるのは，movq命令に変換した際に，両オペランドがメモリ参照になってしまうのを避けるためである（実際は，Simpleコンパイラが生成するpushq命令にメモリ参照は現れない）．

動作記述では，変換後の転送命令を印字するようにする．転送命令を印字するのは，pushqとpopqのオペランドが一致していない場合だけなので，if式で記述してある．OCamllexでは，「as *var*」とすることによって，正規表現の一部にマッチした文字列を *var* として取り出すことができる．図7.34では，pushqとpopqのそれぞれのオペランドを，rand1, rand2として，一致していればなにも印字せず，一致していなければ，両オペランドをもつmovq命令を印字するようにしている．

7.7.2 制御フローの最適化

つぎに，図7.35(a)のコード片を考えよう．条件分岐命令「jl L8」が分岐を生じない場合，すぐ下の無条件命令「jmp L9」によって，ラベルL9:に分岐する．そうでなければ，「jl L8」は，すぐ下の無条件分岐を飛び越えて，ラベルL8:以降を実行する．Simple言語のプログラムで，このようなコードが生じるのは，つぎのようにif–else文のthen部が空の場合である．

    if (a[j] >= a[i]) ; else swap(i,j);

実践的なコンパイラでは，コード最適化の過程で生じることもある．

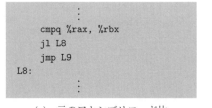

(a) 元のアセンブリコード片　　　　　　(b) 変換結果

図 7.35 制御フロー最適化

図7.35(a)の実行の流れは，「%rax < %rbx」が満たされなければ，ラベルL9:に分岐し，そうでなければ，下に続く命令を実行するのと同じである．す

7.7 コード最適化

なわち，分岐条件を反転させることによって，図 (b) のように，無条件分岐を削除することができる。このようなのぞき穴最適化を制御フロー最適化と呼ぶ。制御フローとは，実行の流れのことである。分岐は実行コストが高い命令なので，制御フロー最適化は，実行効率の改善に大きく貢献する可能性がある。

制御フロー最適化も，冗長な命令の削除と同様に，OCamllex によって，容易に実現できる。図 7.36 は，その一部（条件分岐命令 jg と jl だけを示している）を表している。

```
let label = 'L' ['0'-'9']+

rule peephole = parse
  ("\tjg " (label as l1) '\n'
  "\tjmp " (label as l2) '\n'
  (label ':' as l3) as org) { if l1 = l3 then
                    print_string ("\tjle " ^ l2 ^ "\n" ^ l3 ^ ":")
                  else print_string org; peephole lexbuf }
| ("\tjl " (label as l1) '\n'
  "\tjmp " (label as l2) '\n'
  (label as l3) ':' as org) { if l1 = l3 then
                    print_string ("\tjge " ^ l2 ^ "\n" ^ l3 ^ ":")
                  else print_string org; peephole lexbuf }
```

図 7.36　制御フロー最適化のためのぞき穴最適化器

label は，L のあとに数字が続く，Simple コンパイラによって生成されるラベルを表している。各行に現れるラベルの文字列は，変数 l1, l2, l3 に保持している。制御フロー最適化では，さらに命令全体の文字列を保持する変数 org を用意していることに注意して欲しい。この制御フロー最適化が適用できるのは，ラベル l1 と l3 が一致している場合に限られるので，もし，一致していなかった場合は，org を用いて，元のコードを印字する。

いったん，l1 と l3 の一致が確認できると，動作記述に示すように，分岐条件を反転させ，跳び先ラベルを l2 にした条件分岐だけを印字し，無条件分岐を削除する。

図 7.37 に，冗長な命令の削除と制御フロー最適化の両方をまとめたのぞき穴最適化器（ファイル peephole.mll）を示す。peephole.mll は，つぎのよ

```
let rand = [^ ',' ' ' '\n']+
let reg = '%' rand
let const = '$' rand
let label = 'L' ['0'-'9']+

rule peephole = parse
   "\tpushq " ( (reg | const) as rand1 ) '\n'
   "\tpopq " ( rand as rand2 )
         { if rand1 <> rand2 then
               Printf.printf "\tmovq %s, %s" rand1 rand2; peephole lexbuf }
 | ("\tjg " (label as l1) '\n'
   "\tjmp " (label as l2) '\n'
   (label ':' as l3) as org) { if l1 = l3 then
                     print_string ("\tjle " ^ l2 ^ "\n" ^ l3 ^ ":")
                     else print_string org; peephole lexbuf }
 | ("\tjl " (label as l1) '\n'
   "\tjmp " (label as l2) '\n'
   (label as l3) ':' as org) { if l1 = l3 then
                     print_string ("\tjge " ^ l2 ^ "\n" ^ l3 ^ ":")
                     else print_string org; peephole lexbuf }
 | ("\tjge " (label as l1) '\n'
   "\tjmp " (label as l2) '\n'
   (label as l3) ':' as org) { if l1 = l3 then
                     print_string ("\tjl " ^ l2 ^ "\n" ^ l3 ^ ":")
                     else print_string org; peephole lexbuf }
 | ("\tjle " (label as l1) '\n'
   "\tjmp " (label as l2) '\n'
   (label as l3) ':' as org) { if l1 = l3 then
                     print_string ("\tjg " ^ l2 ^ "\n" ^ l3 ^ ":")
                     else print_string org; peephole lexbuf }
 | ("\tje " (label as l1) '\n'
   "\tjmp " (label as l2) '\n'
   (label as l3) ':' as org) { if l1 = l3 then
                     print_string ("\tjne " ^ l2 ^ "\n" ^ l3 ^ ":")
                     else print_string org; peephole lexbuf }
 | ("\tjne " (label as l1) '\n'
   "\tjmp " (label as l2) '\n'
   (label as l3) ':' as org) { if l1 = l3 then
                     print_string ("\tje " ^ l2 ^ "\n" ^ l3 ^ ":")
                     else print_string org; peephole lexbuf }
 | eof as org      { print_string org }
 | _ as ch         { print_char ch; peephole lexbuf }

{
   let lexbuf = Lexing.from_channel stdin in
        let _ = peephole lexbuf in exit 0
}
```

図 **7.37** 冗長な命令の削除と制御フロー最適化を含む
のぞき穴最適化器（ファイル `peephole.mll`)

7.7 コード最適化

うにコンパイルすることで，単体で実行ファイル peephole を生成できる。

```
┌─ のぞき穴最適化器のコンパイル ──────────────
│  > ocamllex peephole.mll ⏎
│  > ocamlc -o peephole peephole.ml ⏎
└──────────────────────────────────
```

peephole の実行は，つぎのように，標準入出力を使って，tmp.s を opt.s に変換する。生成した opt.s は，tmp.s と同様に，gcc を使って実行ファイルにする。

```
┌─ のぞき穴最適化器の実行 ─────────────────
│  > peephole < tmp.s > opt.s ⏎
│  > gcc opt.s ⏎
│  > a.out ⏎
└──────────────────────────────────
```

Simple コンパイラからのぞき穴最適化器を呼び出したければ，ファイル sim.ml で，「"gcc tmp.s"」としているところをつぎのように変更すればよい。

```
let _ = Unix.system "peephole < tmp.s > opt.s;
        gcc opt.s" in ()
```

付録　Simple 言語

A.1　言語マニュアル

Simple 言語の各部の構文を，文脈自由文法の生成規則を示しながら解説する。

A.1.1　プログラム

$prog \quad \rightarrow \quad stmt\ \$$

Simple 言語は，一つの文によってプログラムを記述する。複数の文を記述する場合は，文の一種であるブロックを用いる。ブロックの先頭には，変数，型，関数の宣言を記述することができる。

A.1.2　字　　句

識別子： 英字かアンダースコアで始まる英数字である。大文字と小文字は区別される。以下では，識別子を id と表記する。

整数リテラル： Simple 言語で，計算に利用できる定数は，整数だけである。以下では，整数リテラルを num と表記する。

文字列リテラル： sprint の引数としてだけ記述が許される。以下では，文字列リテラルを str と表記する。

A.1.3　宣　　言

$decs \quad \rightarrow \quad decs\ dec$
$decs \quad \rightarrow \quad$

宣言の並び (*decs*) は，型，変数，関数の個々の宣言 (*dec*) の並びである。各宣言の終りは「;」でなければならない。

〔1〕変数宣言

$dec \quad \rightarrow \quad ty\ ids\ ;$
$ids \quad \rightarrow \quad ids\ ,\ \text{id}$
$ids \quad \rightarrow \quad \text{id}$

各変数宣言では，同じ型 (*ty*) の変数を「,」で区切って並べ (*ids*)，複数宣言することができる。

A.1 言語マニュアル

〔2〕関数宣言

$$
\begin{array}{rcl}
dec & \to & ty\ \mathtt{id}\ (\ fargs\_opt\ )\ block \\
dec & \to & \mathtt{void}\ \mathtt{id}\ (\ fargs\_opt\ ) \\
fargs\_opt & \to & \\
fargs\_opt & \to & fargs \\
fargs & \to & fargs\ \text{,}\ ty\ \mathtt{id} \\
fargs & \to & ty\ \mathtt{id}
\end{array}
$$

関数宣言は，返戻値の型 ty/void，関数名，「(」と「)」で囲んだ仮引数宣言の並びで記述する．本体は，最後にブロック ($block$) の形式で記述する．仮引数宣言の並びは，仮引数宣言 (ty id) を「,」で区切って並べる ($fargs$) か，なくてもよい ($fargs\_opt$)．引数渡しは，値渡しであるが，配列変数はポインタなので，配列の実体はコピーされない．

予約語の void は，関数の返戻値がないことだけを示し，型としては利用できない．

〔3〕型宣言

$$
\begin{array}{rcl}
dec & \to & \mathtt{type}\ \mathtt{id}\ \mathtt{=}\ ty\ ;
\end{array}
$$

型宣言は，予約語 type で始め，「id = ty」によって，右辺と同じ型を持つ新しい形名 (id) を宣言する．右辺に既存の型 (ty) を指定する．

A.1.4 文

文 ($stmt$) は，値を返さず，変数の状態を変更したり，実行の流れを制御したりする．

〔1〕代入文

$$
\begin{array}{rcl}
stmt & \to & \mathtt{ID}\ \mathtt{=}\ expr\ ; \\
stmt & \to & \mathtt{ID}\ \mathtt{[}\ expr\ \mathtt{]}\ \mathtt{=}\ expr\ ;
\end{array}
$$

= の右辺の値を，左辺の変数や配列要素が示すアドレス（左辺値）に格納する．

〔2〕if 文

$$
\begin{array}{rcl}
stmt & \to & \mathtt{if}\ (\ cond\ )\ stmt \\
stmt & \to & \mathtt{if}\ (\ cond\ )\ stmt\ \mathtt{else}\ stmt
\end{array}
$$

条件式 ($cond$) の結果が真であれば，最初の文が実行され，偽であれば，else のあとの文が実行される．else 以降はなくてもよい．

〔3〕while 文

$$
\begin{array}{rcl}
stmt & \to & \mathtt{while}\ (\ cond\ )\ stmt
\end{array}
$$

条件式 ($cond$) の結果が真なら，本体の文 ($stmt$) が実行され，while 文全体が再度実行される．

〔4〕 関数呼出し

$$
\begin{aligned}
stmt &\rightarrow \text{id (} aargs\_opt \text{) ;} \\
aargs\_opt &\rightarrow \\
aargs\_opt &\rightarrow aargs \\
aargs &\rightarrow aargs \text{ , } expr \\
aargs &\rightarrow expr
\end{aligned}
$$

返戻値を持つ持たないに関わらず，関数を呼び出す．実引数の並び ($aargs$) は，式 ($expr$) を「,」で区切って並べたもので，「(」と「)」で囲む．実引数はなくてもよい．

〔5〕 **return 文**

$$stmt \rightarrow \text{return } expr \text{ ;}$$

現在の関数の実行を終了し，呼出し側へ制御を戻すとともに，$expr$ の値を返戻値として返す．

〔6〕 ブロック文

$$
\begin{aligned}
stmt &\rightarrow block \\
block &\rightarrow \text{\{ } decs\ stmts \text{ \}} \\
stmts &\rightarrow stmts\ stmt \\
stmts &\rightarrow stmt
\end{aligned}
$$

ブロック ($block$) は，「{」と「}」で囲んだ複数の文 ($stmts$) を一つの文にまとめる．先頭には，宣言を記述できる．

〔7〕 特　殊　文　　関数に似た特定の振舞いを持つ文である．

new 文： $stmt \rightarrow \text{new (id) ;}$

変数 (`id`) が持つ型のサイズ分ヒープに領域を確保し，その領域へのポインタを変数に代入する．配列の領域確保に用いる．

scan 文： $stmt \rightarrow \text{scan (id) ;}$

標準入力からの値を，変数 (`id`) に格納する．

sprint 文： $stmt \rightarrow \text{sprint (str) ;}$

文字列 (`str`) を標準出力に印字する．文字列リテラルの記述が許されるのは，sprint 文の引数だけである．

iprint 文： $stmt \rightarrow \text{iprint (} expr \text{) ;}$

$expr$ の値を，標準出力に印字する．

A.1.5　式

式 ($expr$) は，計算結果として値を返す．

A.1 言語マニュアル

〔1〕定　　数

　　　$expr$　→　num

整数リテラルは，整数値を返す。

〔2〕変　　数

　　　$expr$　→　ID
　　　$expr$　→　ID [$expr$]

変数や配列要素を式として使う場合は，これらの左辺値が指している先に格納されている値を表す。

〔3〕2項演算と単項演算

加　算：$expr$ → $expr$ + $expr$

　　第1オペランドの値と第2オペランドの値を加算する。

減　算：$expr$ → $expr$ - $expr$

　　第1オペランドの値から第2オペランドの値を減算する。

乗　算：$expr$ → $expr$ * $expr$

　　第1オペランドの値と第2オペランドの値を乗算する。

除　算：$expr$ → $expr$ / $expr$

　　第1オペランドの値を第2オペランドの値で除算する。

符号反転：$expr$ → - $expr$

　　オペランドの値の符号を反転する。

〔4〕関数呼出し

　　　$expr$　→　ID ($aargs\_opt$)

文の関数呼出しと同じであるが，呼び出され側の関数は返戻値を持たなければならない。

〔5〕条　件　式　　if文とwhile文の条件式は，つぎの関係演算のいずれかである。

　　＞：$expr$ → $expr$ > $expr$

第1オペランドの値が第2オペランドの値より大きければ真，そうでなければ偽である。

　　＜：$expr$ → $expr$ < $expr$

第1オペランドの値が第2オペランドの値より小さければ真，そうでなければ偽である。

　　≧：$expr$ → $expr$ >= $expr$

第 1 オペランドの値が第 2 オペランドの値以上であれば真，そうでなければ偽である．

　≦： *expr* → *expr* <= *expr*

第 1 オペランドの値が第 2 オペランドの値以下であれば真，そうでなければ偽である．

　＝： *expr* → == *expr*

第 1 オペランドの値が第 2 オペランドの値と等しければ真，そうでなければ偽である．

　≠： *expr* → *expr* != *expr*

第 1 オペランドの値が第 2 オペランドの値と異なっていれば真，そうでなければ偽である．

A.2　Simple 言語のプログラム例

A.2.1　ユークリッドの互除法

```
{
        int a, b, m, n, r;

        sprint ("You must give 2 integers.\n");
        sprint ("First integer: ");
        scan  (a);
        sprint ("Second integer: ");
        scan (b);
        m = a; n = b;
        r = m - (m / n) * n;
        m = n;
        n = r;
        while (r > 0) {
                r = m - (m / n) * n;
                m = n;
                n = r;
        }
        sprint ("Answer = ");
        iprint (m) ;
        sprint ("\n");
}
```

A.2.2 再帰を用いた単純ソート

```
{
    int[10] a;
    int size;

    void init() {
        int i;

        i = 0;
        while (i < size) {
            a[i] = size - i;
            i = i+1;
        }
    }

    void print() {
        int i;

        i = 0;
        while (i < size) {
            iprint(a[i]);
            sprint(" ");
            i = i+1;
        }
        sprint("\n");
    }

    void sort(int i) {
        void min (int j) {
            void swap(int i, int j) {
                int tmp;

                tmp = a[i];
                a[i] = a[j];
                a[j] = tmp;
            }

            if (j < size) {
                if (a[j] < a[i]) swap(i,j);
                min (j+1);
            }
        }

        if (i < size) {
            min(i+1);
            sort(i+1);
        }
    }

    size = 10;
    new(a);
    init();
    sprint("before sorting\n");
    print();
    sort(0);
    sprint("after sorting\n");
    print();
}
```

A.3 Simple コンパイラプログラム

ソースコード 1 (lexer.ml)

```
1  (* File lexer.mll *)
2  {
3   open Parser
4   exception No_such_symbol
5  }
6
7  let digit = ['0'-'9']
8  let id = ['a'-'z' 'A'-'Z' '_'] ['a'-'z' 'A'-'Z' '0'-'9']*
9
10 rule lexer = parse
11 | digit+ as num { NUM (int_of_string num) }
12 | "if" { IF }
13 | "else" { ELSE }
14 | "while" { WHILE }
15 | "scan" { SCAN }
16 | "sprint" { SPRINT }
17 | "iprint" { IPRINT }
18 | "int" { INT }
19 | "return" { RETURN }
20 | "type" { TYPE }
21 | "void" { VOID }
22 | id as text { ID text }
23 | '"'[^'"']*'"' as str { STR str }
24 | '=' { ASSIGN }
25 | "==" { EQ }
26 | "!=" { NEQ }
27 | '>' { GT }
28 | '<' { LT }
29 | ">=" { GE }
30 | "<=" { LE }
31 | '+' { PLUS }
32 | '-' { MINUS }
33 | '*' { TIMES }
34 | '/' { DIV }
35 | '{' { LB }
36 | '}' { RB }
37 | '[' { LS }
38 | ']' { RS }
39 | '(' { LP }
40 | ')' { RP }
41 | ',' { COMMA }
42 | ';' { SEMI }
43 | [' ' '\t' '\n'] { lexer lexbuf }(* eat up whitespace *)
44 | eof { raise End_of_file }
45 | _ { raise No_such_symbol }
```

ソースコード 2 (parser.ml)

```
1   %{
2
3   open Printf
4   open Ast
5
6   %}
7
8   /* File parser.mly */
9   %token <int> NUM
10  %token <string> STR ID
11  %token INT IF WHILE SPRINT IPRINT SCAN EQ NEQ GT LT GE LE ELSE RETURN NEW
12  %token PLUS MINUS TIMES DIV LB RB LS RS LP RP ASSIGN SEMI COMMA TYPE VOID
13  %type <Ast.stmt> prog
14
15
16  %nonassoc GT LT EQ NEQ GE LE
17  %left PLUS MINUS /* lowest precedence */
18  %left TIMES DIV /* medium precedence */
19  %nonassoc UMINUS /* highest precedence */
20
21
22  %start prog /* the entry point */
23
24  %%
25
26  prog : stmt { $1 }
27       ;
28
29  ty : INT { IntTyp }
30     | INT LS NUM RS { ArrayTyp ($3, IntTyp) }
31     | ID { NameTyp $1 }
32     ;
33
34  decs : decs dec { $1@$2 }
35       | { [] }
36       ;
37
38  dec : ty ids SEMI { List.map (fun x -> VarDec ($1,x)) $2 }
39      | TYPE ID ASSIGN ty SEMI { [TypeDec ($2,$4)] }
40      | ty ID LP fargs_opt RP block { [FuncDec($2, $4, $1, $6)] }
41      | VOID ID LP fargs_opt RP block { [FuncDec($2, $4, VoidTyp, $6)] }
42      ;
43
44  ids : ids COMMA ID { $1@[$3] }
45      | ID { [$1] }
46      ;
47
48  fargs_opt : /* empty */ { [] }
49            | fargs { $1 }
50            ;
51
52  fargs: fargs COMMA ty ID { $1@[($3,$4)] }
53       | ty ID { [($1,$2)] }
54       ;
55
56  stmts: stmts stmt { $1@[$2] }
```

```
 57         | stmt { [$1] }
 58         ;
 59
 60  stmt : ID ASSIGN expr SEMI { Assign (Var $1, $3) }
 61       | ID LS expr RS ASSIGN expr SEMI { Assign (IndexedVar (Var $1, $3), $6) }
 62       | IF LP cond RP stmt { If ($3, $5, None) }
 63       | IF LP cond RP stmt ELSE stmt
 64                           { If ($3, $5, Some $7) }
 65       | WHILE LP cond RP stmt { While ($3, $5) }
 66       | SPRINT LP STR RP SEMI { CallProc ("sprint", [StrExp $3]) }
 67       | IPRINT LP expr RP SEMI { CallProc ("iprint", [$3]) }
 68       | SCAN LP ID RP SEMI { CallProc ("scan", [VarExp (Var $3)]) }
 69       | NEW LP ID RP SEMI { CallProc ("new", [ VarExp (Var $3)]) }
 70       | ID LP aargs_opt RP SEMI { CallProc ($1, $3) }
 71       | RETURN expr SEMI { CallProc ("return", [$2]) }
 72       | block { $1 }
 73       | SEMI { NilStmt }
 74       ;
 75
 76  aargs_opt: /* empty */ { [] }
 77         | aargs { $1 }
 78         ;
 79
 80  aargs : aargs COMMA expr { $1@[$3] }
 81        | expr { [$1] }
 82        ;
 83
 84  block: LB decs stmts RB { Block ($2, $3) }
 85       ;
 86
 87  expr : NUM { IntExp $1 }
 88       | ID { VarExp (Var $1) }
 89       | ID LP aargs_opt RP { CallFunc ($1, $3) }
 90       | ID LS expr RS { VarExp (IndexedVar (Var $1, $3)) }
 91       | expr PLUS expr { CallFunc ("+", [$1; $3]) }
 92       | expr MINUS expr { CallFunc ("-", [$1; $3]) }
 93       | expr TIMES expr { CallFunc ("*", [$1; $3]) }
 94       | expr DIV expr { CallFunc ("/", [$1; $3]) }
 95       | MINUS expr %prec UMINUS { CallFunc("!", [$2]) }
 96       | LP expr RP { $2 }
 97       ;
 98
 99  cond : expr EQ expr { CallFunc ("==", [$1; $3]) }
100       | expr NEQ expr { CallFunc ("!=", [$1; $3]) }
101       | expr GT expr { CallFunc (">", [$1; $3]) }
102       | expr LT expr { CallFunc ("<", [$1; $3]) }
103       | expr GE expr { CallFunc (">=", [$1; $3]) }
104       | expr LE expr { CallFunc ("<=", [$1; $3]) }
105       ;
106  %%
```

ソースコード **3** (types.ml)

```
 1  type tag = unit ref
 2  type ty = INT | ARRAY of int * ty * tag | NAME of string * ty option ref | UNIT |
            NIL
```

ソースコード 4 (ast.ml)

```ocaml
 1
 2
 3  (* The definition of the abstract syntax tree *)
 4  type id = string
 5  type var = Var of id | IndexedVar of var * exp
 6  and stmt = Assign of var * exp
 7           | CallProc of id * (exp list)
 8           | Block of (dec list) * (stmt list)
 9           | If of exp * stmt * (stmt option)
10           | While of exp * stmt
11           | NilStmt
12  and exp = VarExp of var | StrExp of string | IntExp of int
13           | CallFunc of id * (exp list)
14  and dec = FuncDec of id * ((typ*id) list) * typ * stmt
15           | TypeDec of id * typ
16           | VarDec of typ * id
17  and typ = NameTyp of string
18           | ArrayTyp of int * typ
19           | IntTyp
20           | VoidTyp
```

ソースコード 5 (semant.ml)

```ocaml
 1  open Ast
 2  open Types
 3  open Table
 4
 5  exception Err of string
 6  exception TypeErr of string
 7
 8  let rec calc_size ty = match ty with
 9                  ARRAY (n, t, _) -> n * (calc_size t)
10                | INT -> 8
11                | _ -> raise (Err "internal error")
12
13  let actual_ty ty =
14    let rec travTy t l =
15      match t with
16        NAME (s, tyref) ->
17          (match !tyref with
18            Some actty -> if List.mem actty l then raise (TypeErr "cyclic type
                               definition")
19                          else travTy (actty) (actty::l)
20          | None -> raise (TypeErr "no actual type"))
21      | _ -> t
22    in travTy ty [ty]
23
24  let check_int ty = if ty != INT then raise (TypeErr "type error 1")
25
26  let check_array ty =
27        match ty with
28          ARRAY _ -> ()
29        | _ -> raise (TypeErr "type error 2")
30
31  exception SymErr of string
32  let rec check_redecl decs tl vl =
```

```
33      match decs with
34          [] -> ()
35        | FuncDec (s,_,_,_,_)::rest -> if List.mem s vl then raise (SymErr s)
36                          else check_redecl rest tl (s::vl)
37        | VarDec (_,s)::rest -> if List.mem s vl then raise (SymErr s)
38                          else check_redecl rest tl (s::vl)
39        | TypeDec (s,_)::rest -> if List.mem s tl then raise (SymErr s)
40                          else check_redecl rest (s::tl) vl
41  (* 型式の生成 *)
42  let rec create_ty ast tenv =
43      match ast with
44          NameTyp id -> tenv id
45        | ArrayTyp (size, typ) -> ARRAY (size, create_ty typ tenv, ref ())
46        | IntTyp -> INT
47        | VoidTyp -> UNIT
48
49  (* 実引数は，%rbp から +24 のところにある．*)
50  let savedARG = 24  (* return address, static link, old %rbp *)
51
52  let rec type_dec ast (nest,addr) tenv env =
53      match ast with
54          (* 関数定義の処理 *)
55          FuncDec (s, l, rlt, Block (dl,_)) ->
56              (* 関数名の記号表への登録 *)
57              check_redecl ((List.map (fun (t,s) -> VarDec (t,s)) l) @ dl) [] [];
58              let env' = update s (FunEntry
59                              {formals=
60                                  List.map (fun (typ,_) -> create_ty typ tenv) l;
61                              result=create_ty rlt tenv; level=nest+1}) env in
                                  (tenv, env', addr)
62          (* 変数宣言の処理 *)
63        | VarDec (t,s) -> (tenv,
64              update s (VarEntry {ty= create_ty t tenv; offset=addr-8; level=nest
                          }) env, addr-8)
65          (* 型宣言の処理 *)
66        | TypeDec (s,t) -> let tenv' = update s (NAME (s,ref None)) tenv in (tenv',
                  env, addr)
67        | _ -> raise (Err "internal error")
68  and type_decs dl nest tenv env =
69          List.fold_left
70              (fun (tenv,env,addr) d -> type_dec d (nest,addr) tenv env) (tenv,
                  env,0) dl
71  and type_param_dec args nest tenv env =
72          let (env',_) = List.fold_left (fun (env,addr) (t,s) ->
73          (update s (VarEntry {offset=addr;
74                      level=nest; ty=create_ty t tenv}) env, addr+8))
75                                  (env,savedARG) args in env'
76  and type_stmt ast env =
77          match ast with
78              CallProc ("scan", [arg]) ->
79                  if (type_exp arg env) != INT then
80                      raise (TypeErr "type error 3")
81            | CallProc ("iprint", [arg]) ->
82                  if (type_exp arg env) != INT then
83                      raise (TypeErr "iprint requires int value")
84            | CallProc ("return", [arg]) -> ()  (* result type should be checked *)
85            | CallProc ("sprint", _) -> ()
```

```
 86              | CallProc ("new", [VarExp (Var s)]) -> let entry = env s in
 87                    (match entry with
 88                        VarEntry {ty=ty; _} -> check_array (actual_ty ty)
 89                        | _ -> raise (No_such_symbol s))
 90              | CallProc (s, el) ->
 91                    let _ = type_exp (CallFunc (s, el)) env in ()
 92              | Block (dl, _) -> check_redecl dl [] []
 93              | Assign (v, e) ->
 94                    if (type_var v env) != (type_exp e env) then raise (TypeErr "type
                            error 4")
 95              | If (e,_,_) -> type_cond e env
 96              | While (e,_) -> type_cond e env
 97              | NilStmt -> ()
 98  and type_var ast env =
 99        match ast with
100            Var s -> let entry = env s in
101                  (match entry with
102                      VarEntry {ty=ty; _ } -> (actual_ty ty)
103                      | _ -> raise (No_such_symbol s))
104            | IndexedVar (v, size) ->
105                  (check_int (type_exp size env);
106                  match type_var v env with
107                      ARRAY (_,ty,_) -> (actual_ty ty)
108                      | _ -> raise (TypeErr "type error 5"))
109  and type_exp ast env =
110        match ast with
111            VarExp s -> type_var s env
112            | IntExp i -> INT
113            | CallFunc ("+", [left; right]) ->
114                  (check_int (type_exp left env); check_int(type_exp right env); INT)
115            | CallFunc ("-", [left; right]) ->
116                  (check_int (type_exp left env); check_int(type_exp right env); INT)
117            | CallFunc ("*", [left; right]) ->
118                  (check_int (type_exp left env); check_int(type_exp right env); INT)
119            | CallFunc ("/", [left; right]) ->
120                  (check_int (type_exp left env); check_int(type_exp right env); INT)
121            | CallFunc ("!", [arg]) ->
122                  (check_int (type_exp arg env); INT)
123            | CallFunc (s, el) ->
124                  let entry = env s in
125                  (match entry with
126                      (FunEntry {formals=fpTyl; result=rltTy; level=_}) ->
127                          if List.length fpTyl == List.length el then
128                              let fpTyl' = List.map actual_ty fpTyl
129                              and apTyl = List.map (fun e -> type_exp e env) el in
130                              let l = List.combine fpTyl' apTyl in
131                                  if List.for_all (fun (f,a) -> f == a) l then
                                          actual_ty rltTy
132                                  else raise (TypeErr "type error 6")
133                          else raise (TypeErr "type error 7")
134                      | _ -> raise (No_such_symbol s))
135            | _ -> raise (Err "internal error")
136  and type_cond ast env =
137        match ast with
138            CallFunc (_, [left; right]) ->
139                  (check_int (type_exp left env); check_int(type_exp right env))
140            | _ -> raise (Err "internal error")
```

ソースコード **6** (emitter.ml)

```
1   open Ast
2   open Printf
3   open Types
4   open Table
5   open Semant
6
7   let label = ref 0
8   let incLabel() = (label := !label+1; !label)
9
10  (* str を n 回コピーする *)
11  let rec nCopyStr n str =
12    if n > 0 then str ^ (nCopyStr (pred n) str) else ""
13
14  (* 呼出し時にcalleeに渡す静的リンク *)
15  let passLink src dst =
16    if src >= dst then
17      let deltaLevel = src-dst+1 in
18      "\tmovq %rbp, %rax\n"
19      ^ nCopyStr deltaLevel "\tmovq 16(%rax), %rax\n"
20      ^ "\tpushq %rax\n"
21    else
22      "\tpushq %rbp\n"
23
24  let output = ref ""
25
26  (* printf や scanf で使う文字列 *)
27  let io = "IO:\n\t.string \"%lld\"\n"
28          ^ "\t.text\n"
29  (* main 関数の頭 *)
30  let header = "\t.globl main\n"
31              ^ "main:\n"
32              ^ "\tpushq %rbp\n" (* フレームポインタの保存 *)
33              ^ "\tmovq %rsp, %rbp\n" (* フレームポインタをスタックポインタの位置に *)
34  (* プロローグとエピローグ *)
35  let prologue = "\tpushq %rbp\n" (* フレームポインタの保存 *)
36                ^ "\tmovq %rsp, %rbp\n" (* フレームポインタのスタックポインタ位置への移動 *)
37  let epilogue = "\tleaveq\n" (* -> movq %ebp, %esp; popl %ebp *)
38                ^ "\tretq\n" (* 呼出し位置の次のアドレスへ戻る *)
39
40  (* 宣言部の処理：変数宣言->記号表への格納,関数定義->局所宣言の処理とコード生成 *)
41  let rec trans_dec ast nest tenv env = match ast with
42    (* 関数定義の処理 *)
43    FuncDec (s, l, _, block) ->
44        (* 仮引数の記号表への登録 *)
45        let env' = type_param_dec l (nest+1) tenv env in
46        (* 関数本体(ブロック)の処理 *)
47        let code = trans_stmt block (nest+1) tenv env' in
48            (* 関数コードの合成 *)
49            output := !output ^
50                s ^ ":\n" (* 関数ラベル *)
51                ^ prologue (* プロローグ *)
52                ^ code (* 本体コード *)
53                ^ epilogue (* エピローグ *)
54    (* 変数宣言の処理 *)
```

```
55      | VarDec (t,s) -> ()
56        (* 型宣言の処理 *)
57      | TypeDec (s,t) ->
58          let entry = tenv s in
59            match entry with
60              (NAME (_, ty_opt)) -> ty_opt := Some (create_ty t tenv)
61            | _ -> raise (Err s)
62  (* 文の処理 *)
63  and trans_stmt ast nest tenv env =
64                  type_stmt ast env;
65                  match ast with
66                    (* 代入のコード：代入先フレームをsetVarで求める．*)
67                    Assign (v, e) -> trans_exp e nest env
68                                  ^ trans_var v nest env
69                                  ^ "\tpopq (%rax)\n"
70                    (* iprint のコード *)
71                  | CallProc ("iprint", [arg]) ->
72                        (trans_exp arg nest env
73                       ^ "\tpopq  %rsi\n"
74                       ^ "\tleaq IO(%rip), %rdi\n"
75                       ^ "\tmovq $0, %rax\n"
76                       ^ "\tcallq printf\n")
77                    (* sprint のコード *)
78                  | CallProc ("sprint", [StrExp s]) ->
79                      (let l = incLabel() in
80                         ("\t.data\n"
81                        ^ sprintf "L%d:\t.string %s\n" l s
82                        ^ "\t.text\n"
83                        ^ sprintf "\tleaq L%d(%%rip), %%rdi\n" l
84                        ^ "\tmovq $0, %rax\n"
85                        ^ "\tcallq printf\n"))
86                    (* scan のコード *)
87                  | CallProc ("scan", [VarExp v]) ->
88                        (trans_var v nest env
89                       ^ "\tmovq %rax, %rsi\n"
90                       ^ "\tleaq IO(%rip), %rdi\n"
91                       ^ "\tmovq $0, %rax\n"
92                       ^ "\tcallq scanf\n")
93                    (* return のコード *)
94                  | CallProc ("return", [arg]) ->
95                       trans_exp arg nest env
96                     ^ "\tpopq %rax\n"
97                  | CallProc ("new", [VarExp v]) ->
98                      let size = calc_size (type_var v env) in
99                     sprintf "\tmovq $%d, %%rdi\n" size
100                    ^ "\tcallq malloc\n"
101                    ^ "\tpushq %rax\n"
102                    ^ trans_var v nest env
103                    ^ "\tpopq (%rax)\n"
104                   (* 手続き呼出しのコード *)
105                 | CallProc (s, el) ->
106                     let entry = env s in
107                       (match entry with
108                          (FunEntry {formals=_; result=_; level=level}) ->
109                            (* 実引数のコード *)
110                            (* 16バイト境界に調整 *)
111                            (if (List.length el) mod 2 = 1 then "" else "\
```

```
112                                      tpushq $0\n"
                             ^ List.fold_right (fun ast code -> code ^ (trans_exp
                                 ast nest env)) el ""
113                              (* 静的リンクを渡すコード *)
114                              ^ passLink nest level
115                              (* 関数の呼出しコード *)
116                              ^ "\tcallq " ^ s ^ "\n"
117                              (* 積んだ引数+静的リンクを降ろす *)
118                              ^ sprintf "\taddq $%d, %%rsp\n" ((List.length el + 1
                                 + 1) / 2 * 16)
119                        | _ -> raise (No_such_symbol s))
120                    (* ブロックのコード:文を表すブロックは,関数定義を無視する.*)
121                    | Block (dl, sl) ->
122                        (* ブロック内宣言の処理 *)
123                        let (tenv',env',addr') = type_decs dl nest tenv env in
124                            List.iter (fun d -> trans_dec d nest tenv' env') dl;
125                        (* フレームの拡張 *)
126                        let ex_frame = sprintf "\tsubq $%d, %%rsp\n" ((-addr
                                '+16)/16*16) in
127                        (* 本体(文列)のコード生成 *)
128                        let code = List.fold_left
129                                    (fun code ast -> (code ^ trans_stmt ast nest
                                        tenv' env')) "" sl
130                        (* 局所変数分のフレーム拡張の付加 *)
131                            in ex_frame ^ code
132                    (* else なし if 文のコード *)
133                    | If (e,s,None) -> let (condCode,l) = trans_cond e nest env in
134                                       condCode
135                                       ^ trans_stmt s nest tenv env
136                                       ^ sprintf "L%d:\n" l
137                    (* else あり if 文のコード *)
138                    | If (e,s1,Some s2) -> let (condCode,l1) = trans_cond e nest env
                           in
139                                    let l2 = incLabel() in
140                                        condCode
141                                        ^ trans_stmt s1 nest tenv env
142                                        ^ sprintf "\tjmp L%d\n" l2
143                                        ^ sprintf "L%d:\n" l1
144                                        ^ trans_stmt s2 nest tenv env
145                                        ^ sprintf "L%d:\n" l2
146                    (* while 文のコード *)
147                    | While (e,s) -> let (condCode, l1) = trans_cond e nest env in
148                                     let l2 = incLabel() in
149                                        sprintf "L%d:\n" l2
150                                        ^ condCode
151                                        ^ trans_stmt s nest tenv env
152                                        ^ sprintf "\tjmp L%d\n" l2
153                                        ^ sprintf "L%d:\n" l1
154                    (* 空文 *)
155                    | NilStmt -> ""
156 (* 参照アドレスの処理 *)
157 and trans_var ast nest env = match ast with
158                    Var s -> let entry = env s in
159                        (match entry with
160                             VarEntry {offset=offset; level=level; ty=_} ->
161                                 "\tmovq %rbp, %rax\n"
162                                 ^ nCopyStr (nest-level) "\tmovq 16(%rax), %rax\n"
```

A.3 Simple コンパイラプログラム

```
163                              ^ sprintf "\tleaq %d(%%rax), %%rax\n" offset
164                              | _ -> raise (No_such_symbol s))
165                    | IndexedVar (v, size) ->
166                           trans_exp (CallFunc("*", [IntExp 8; size])) nest env
167                         ^ trans_var v nest env
168                         ^ "\tmovq (%rax), %rax\n"
169                         ^ "\tpopq %rbx\n"
170                         ^ "\tleaq (%rax, %rbx), %rax\n"
171  (* 式の処理 *)
172  and trans_exp ast nest env = match ast with
173                    (* 整数定数のコード *)
174                      IntExp i -> (sprintf "\tpushq $%d\n" i)
175                    (* 変数参照のコード：reVar で参照フレームを求める *)
176                    | VarExp v ->
177                           trans_var v nest env
178                         ^ "\tmovq (%rax), %rax\n"
179                         ^ "\tpushq %rax\n"
180                    (* +のコード *)
181                    | CallFunc ("+", [left; right]) ->
182                              trans_exp left nest env
183                            ^ trans_exp right nest env
184                            ^ "\tpopq %rax\n"
185                            ^ "\taddq %rax, (%rsp)\n"
186                    (* -のコード *)
187                    | CallFunc ("-", [left; right]) ->
188                              trans_exp left nest env
189                            ^ trans_exp right nest env
190                            ^ "\tpopq %rax\n"
191                            ^ "\tsubq %rax, (%rsp)\n"
192                    (* *のコード *)
193                    | CallFunc ("*", [left; right]) ->
194                              trans_exp left nest env
195                            ^ trans_exp right nest env
196                            ^ "\tpopq %rax\n"
197                            ^ "\timulq (%rsp), %rax\n"
198                            ^ "\tmovq %rax, (%rsp)\n"
199                    (* /のコード *)
200                    | CallFunc ("/", [left; right]) ->
201                              trans_exp left nest env
202                            ^ trans_exp right nest env
203                            ^ "\tpopq %rbx\n"
204                            ^ "\tpopq %rax\n"
205                            ^ "\tcqto\n"
206                            ^ "\tidivq %rbx\n"
207                            ^ "\tpushq %rax\n"
208                    (* 反転のコード *)
209                    | CallFunc("!", arg::_) ->
210                              trans_exp arg nest env
211                            ^ "\tnegq (%rsp)\n"
212                    (* 関数呼出しのコード *)
213                    | CallFunc (s, el) ->
214                          trans_stmt (CallProc(s, el)) nest initTable env
215                          (* 返戻値は%raxに入れて返す *)
216                        ^ "\tpushq %rax\n"
217                    | _ -> raise (Err "internal error")
218  (* 関係演算の処理 *)
219  and trans_cond ast nest env = match ast with
```

```
220             | CallFunc (op, left::right::_) ->
221                (let code =
222                   (* オペランドのコード *)
223                   trans_exp left nest env
224                 ^ trans_exp right nest env
225                   (* オペランドの値を %rax, %rbx へ *)
226                 ^ "\tpopq %rax\n"
227                 ^ "\tpopq %rbx\n"
228                   (* cmp 命令 *)
229                 ^ "\tcmpq %rax, %rbx\n" in
230                 let l = incLabel () in
231                 match op with
232                    (* 条件と分岐の関係は, 逆 *)
233                    "==" -> (code ^ sprintf "\tjne L%d\n" l, l)
234                  | "!=" -> (code ^ sprintf "\tje L%d\n"l, l)
235                  | ">"  -> (code ^ sprintf "\tjle L%d\n" l, l)
236                  | "<"  -> (code ^ sprintf "\tjge L%d\n" l, l)
237                  | ">=" -> (code ^ sprintf "\tjl L%d\n" l, l)
238                  | "<=" -> (code ^ sprintf "\tjg L%d\n" l, l)
239                  | _ -> ("",0))
240                | _ -> raise (Err "internal error")
241  (* プログラム全体の生成 *)
242  let trans_prog ast = let code = trans_stmt ast 0 initTable initTable in
243                       io ^ header ^ code ^ epilogue ^ (!output)
```

ソースコード 7 (sim.ml)

```
1   let main () =
2     (* ファイルを開く *)
3     let cin =
4       if Array.length Sys.argv > 1
5       then open_in Sys.argv.(1)
6       else stdin in
7     let lexbuf = Lexing.from_channel cin in
8       (* 生成コード用ファイル tmp.s をオープン *)
9       let file = open_out "tmp.s" in
10        (* コード生成 *)
11        let code = Emitter.trans_prog (Parser.prog Lexer.lexer lexbuf) in
12        (* 生成コードの書出しとファイルのクローズ *)
13        output_string file code; close_out file;
14        (* アセンブラとリンカの呼出し *)
15        let _ = Unix.system "gcc tmp.s" in () ;;
16
17  let _ = try main () with
18          Parsing.Parse_error -> print_string "syntax error\n"
19        | Table.No_such_symbol x -> print_string ("no such symbol: \""^x^"\"\n")
20        | Semant.TypeErr s -> print_string (s^"\n")
21        | Semant.Err s -> print_string (s^"\n")
22        | Table.SymErr s -> print_string (s^"\n")
```

引用・参考文献

1) 中田育男：コンパイラの構成と最適化，朝倉書店 (2009)
2) 中田育男，渡辺 坦，佐々政孝，滝本宗宏：コンパイラの基盤技術と実践，朝倉書店 (2008)
3) Andrew W. Appel（著），神林 靖，滝本宗宏（訳）：最新コンパイラ構成技法，翔泳社 (2009)
4) エイホ，A.V.，セシイ，R.，ウルマン，J.D., and ラム，M.S.（著），原田賢一（訳）：コンパイラ—原理・技法・ツール第2版，サイエンス社 (2009)

索引

【あ】

アセンブラ
    assembler   *5, 131*

アセンブリ言語
    assembly language   *131*

後入れ先出し
    LIFO   *140*

アドレッシングモード
    addressing mode   *136*

アプリケーションバイナリインタフェース
    application binary interface, ABI   *145*

アルファベット
    alphabet   *32*

【い】

意味解析
    semantic analysis   *3*

因子
    factor   *56*

インタプリタ
    interpreter   *2*

【う】

右辺値
    rvalue   *104*

【え】

エピローグ
    epilogue   *133, 144*

エラー回復
    error recovery   *69*

【お】

オフセット
    offset   *136*

【か】

開始記号
    start symbol   *52*

開始状態
    start state   *35*

解析木
    parse tree   *53*

型
    type   *9*

型検査
    type checking   *109*

型構成子
    type constructor   *119*

型式
    type expression   *119*

型推論
    type inference   *7, 12*

型変数
    type variable   *13*

可変長引数
    variable argument   *146*

環境
    environment   *25*

還元
    reduce   *70, 72*

関数型
    functional   *7*

【き】

記号
    symbol   *32*

記号表
    symbol table   *109*

競合
    conflict   *64*

局所変数
    local variable   *12, 140*

拒否
    reject   *36*

【く】

空導出可能
    nullable   *60*

具象構文木
    concrete syntax tree   *97*

駆動レコード
    activation record   *142*

組
    tuple   *14*

【け】

決定性
    deterministic   *36*

決定性有限オートマトン
    deterministic finite automaton   *36*

言語
    language   *32, 36*

言語処理系   *2*

原始プログラム
    source program   *3*

【こ】

項
    term   *56*

高階関数
    higher order function   *141*

構造等価
    structual equivalence   *121*

構文解析
    syntax analysis または parsing   *3, 50*

構文解析器
    parser   *50*

構文解析器生成系
    parser generator   *86*

構文木
    syntax tree   *4, 97*

コード最適化
 code optimization 3, 4, 179
コード生成
 code generation 4, 154
コード生成器
 code generator 154
ゴミ集め
 garbage collection 135
コンパイラ
 compiler 2

【さ】

最右導出
 rightmost derivation 53
再帰下降型構文解析器
 recursive descent parser 57
最左導出
 leftmost derivation 53
最長一致 35
最適化
 optimization 3, 179
最適化器
 optimizer 180
先読み
 lookahead 57
左辺値
 lvalue 103

【し】

式
 expression 56
識別子
 identifier 30
字句
 lexeme 30
字句解析
 lexical analysis 3, 29
字句解析器
 lexical analyzer または lexer 29

字句解析器生成系
 lexical analyzer generator 46
字句有効範囲
 lexical scope 110
四則演算言語 23
実行スタック
 execution stack 134
シフト
 shift 72
シャドー領域
 shadow space 147
終端記号
 terminal symbol 52
出力引数
 outgoing argument 144
受理状態
 accept state 35
状態
 state 35

【す】

スタックフレーム
 stack frame 142
スタックポインタ
 stack pointer 142

【せ】

正規表現
 regular expression 5, 31
生成規則
 production rule 52
静的リンク
 static link 150
遷移
 transition 35

【そ】

属性
 attribute 31
即値
 immediate 136

【た】

多重定義
 overloading 124

【ち】

チェイン法
 chaining 112
中間表現
 intermediate representation 4
抽象構文木
 abstract syntax tree 96

【て】

定数リテラル 30
ディスプレイ
 display 151
手続き間最適化
 interprocedural optimization 180
手続き内大域最適化
 intraprocedural global optimization 180
手続き呼出し
 procedure call 103

【と】

動作
 action 34, 47
導出
 derivation 52
トークン列
 token 4, 30, 46
トランスレータ
 translator 2

【な】

名前等価
 name equivalence 120

【に】

2分探索木
 binary search tree 115

入力引数
　incoming argument　143

【の】

のぞき穴最適化
　peephole optimization　180

【は】

パターンマッチング
　pattern matching　7
バックエンド
　back end　3
ハッシュ関数
　hash function　112
ハッシュ表
　hash table　112
バリアント
　variant　19

【ひ】

非決定性
　non-deterministic　36
非決定性有限オートマトン
　non-deterministic finite automaton　36
非終端記号
　non-terminal symbol　52
左くくり出し
　left factor　66
左再帰
　left recursion　59

【ふ】

フェーズ
　phase　3
副作用
　side effect　23
物理アドレス
　physical address　133

ぶらさがり else
　dangling else　92
プログラミング言語処理系　2
プログラム解析
　program analysis　180
ブロック構造
　block structure　149
プロローグ
　prologue　133, 144
フロントエンド
　front end　3
文
　statement　56
文法
　grammar　52
文脈自由文法
　context-free grammar　5, 51

【へ】

閉包
　closure　74
並列化
　parallelization　3
変数束縛
　variable binding　11

【も】

目的プログラム
　target program　3
戻りアドレス
　return address　143

【ゆ】

有限オートマトン
　finite automaton　35
有効範囲
　scope　110
優先規則　35

【よ】

予測型構文解析
　predictive parsing　50
予測型構文解析器
　predictive parser　57
予測型構文解析表
　predictive parsing table　64
呼び出され側
　callee　147
呼び出され側保存レジスタ
　callee-save register　148
呼出し側
　caller　147
呼出し側保存レジスタ
　caller-save register　148
呼出し規約
　calling convention　144
予約語
　keyword　30

【り】

リスト
　list　14
リンカ
　linker　5

【れ】

例外処理
　exception handling　22
レコード
　record　14, 17

【ろ】

論理アドレス空間
　logical address space　134

索引

【B】
BNF
  Backus–Naur form ... 87

【D】
DFA
  deterministic finite automaton ... 36

【E】
error トークン
  error token ... 93

【F】
FIRST 集合 ... 59
FOLLOW 集合 ... 62

【G】
gcc
  GNU Compiler Collection ... 131

【L】
LALR(1)
  look–ahead LR(1) ... 83

Lex ... 5
LR
  left–to–right ... 70
LR 構文解析
  LR parsing ... 50, 70
LR(0) ... 73
LR(0) 項
  LR(0) item ... 74
LR(0) 構文解析表
  LR(0) parsing table ... 76
LR(1) ... 80
LR(1) 項
  LR(1) item ... 80

【M】
Microsoft x64 ... 145

【N】
NFA
  non–deterministic automaton ... 36

【O】
ocamlc ... 8
OCamllex ... 33
ocamlopt ... 8
OCamlyacc ... 86

【S】
Simple 言語 ... 186
SLR
  Simple LR ... 79
System V AMD64 ABI ... 145

【Y】
Yacc
  Yet another compiler compiler ... 5, 86

【ギリシャ文字】
ϵ 閉包
  ϵ–closure ... 42

―― 著者略歴 ――

1992年　慶應義塾大学理工学部計測工学科卒業
1994年　慶應義塾大学大学院理工学研究科前期博士課程修了（計算機科学専攻）
1999年　慶應義塾大学大学院理工学研究科後期博士課程単位取得退学（計算機科学専攻）
1999年　東京理科大学助手
2003年　博士（工学）（慶應義塾大学）
2004年　東京理科大学講師
2005〜
2006年　カリフォルニア大学アーバイン校在外研究員
2010年　東京理科大学准教授
2013年　東京理科大学教授
　　　　現在に至る

実践コンパイラ構成法
Practical Compiler Construction Method　　ⓒ Munehiro Takimoto 2017

2017 年 7 月 25 日　初版第 1 刷発行

	著　者	滝　本　宗　宏
検印省略	発行者	株式会社　コロナ社
		代表者　牛来真也
	印刷所	三美印刷株式会社
	製本所	有限会社　愛千製本所

112–0011　東京都文京区千石 4-46-10
発行所　株式会社　コロナ社
CORONA PUBLISHING CO., LTD.
Tokyo Japan
振替 00140-8-14844・電話(03)3941-3131(代)
ホームページ　http://www.coronasha.co.jp

ISBN 978-4-339-01933-9　C3355　Printed in Japan　　　　（新井）

ＪＣＯＰＹ　＜出版者著作権管理機構　委託出版物＞
本書の無断複製は著作権法上での例外を除き禁じられています。複製される場合は，そのつど事前に，出版者著作権管理機構（電話 03-3513-6969，FAX 03-3513-6979，e-mail: info@jcopy.or.jp）の許諾を得てください。

本書のコピー，スキャン，デジタル化等の無断複製・転載は著作権法上での例外を除き禁じられています。購入者以外の第三者による本書の電子データ化及び電子書籍化は，いかなる場合も認めていません。
落丁・乱丁はお取替えいたします。

電気・電子系教科書シリーズ

(各巻A5判)

- ■編集委員長　高橋　寛
- ■幹　　事　湯田幸八
- ■編集委員　江間　敏・竹下鉄夫・多田泰芳
  　　　　　　中澤達夫・西山明彦

配本順			著者	頁	本体
1.	(16回)	電気基礎	柴田尚志・皆藤新芳・田多尚志 共著	252	3000円
2.	(14回)	電磁気学	田附泰芳・柴田尚志 共著	304	3600円
3.	(21回)	電気回路Ⅰ	柴田尚志 著	248	3000円
4.	(3回)	電気回路Ⅱ	遠藤　勲・鈴木靖純 編著・吉澤雄之助 共著	208	2600円
5.	(27回)	電気・電子計測工学	吉田典明・降矢典惠・福村拓和・高西　二・西山明彦 共著	222	2800円
6.	(8回)	制御工学	奥平鎮正・青木立幸 共著	216	2600円
7.	(18回)	ディジタル制御	青西堀木俊　俊次 共著	202	2500円
8.	(25回)	ロボット工学	白水俊次 著	240	3000円
9.	(1回)	電子工学基礎	中澤達夫・藤原勝幸 共著	174	2200円
10.	(6回)	半導体工学	渡辺英夫 著	160	2200円
11.	(15回)	電気・電子材料	中澤・押山・森田・須藤 共著	208	2500円
12.	(13回)	電子回路	須田健二・土田英一 共著	238	2800円
13.	(2回)	ディジタル回路	伊原充博・若海弘夫・吉澤昌純 共著	240	2800円
14.	(11回)	情報リテラシー入門	室賀・下嶋 共著	176	2200円
15.	(19回)	C++プログラミング入門	湯田幸八 著	256	2800円
16.	(22回)	マイクロコンピュータ制御プログラミング入門	柚賀正光・千代谷慶 共著	244	3000円
17.	(17回)	計算機システム(改訂版)	春日健・舘泉雄治 共著	240	2800円
18.	(10回)	アルゴリズムとデータ構造	湯田幸八・伊原充 共著	252	3000円
19.	(7回)	電気機器工学	前田勉・新谷邦弘 共著	222	2700円
20.	(9回)	パワーエレクトロニクス	江間　敏・高橋　勲 共著	202	2500円
21.	(28回)	電力工学(改訂版)	江間　敏・甲斐隆章 共著	296	3000円
22.	(5回)	情報理論	三木成彦・吉川英機 共著	216	2600円
23.	(26回)	通信工学	竹下鉄夫・吉川英機 共著	198	2500円
24.	(24回)	電波工学	松田豊稔・宮田克正・南部幸久 共著	238	2800円
25.	(23回)	情報通信システム(改訂版)	岡田裕・桑原裕史・植松正史 共著	206	2500円
26.	(20回)	高電圧工学	箕田孝充・原月志 共著	216	2800円

定価は本体価格+税です。
定価は変更されることがありますのでご了承下さい。

◆図書目録進呈◆

電子情報通信レクチャーシリーズ

■電子情報通信学会編　　　　（各巻B5判）

共　通

番号	配本順	書名	著者	頁	本体
A-1	(第30回)	電子情報通信と産業	西村吉雄著	272	4700円
A-2	(第14回)	電子情報通信技術史 ―おもに日本を中心としたマイルストーン―	「技術と歴史」研究会編	276	4700円
A-3	(第26回)	情報社会・セキュリティ・倫理	辻井重男著	172	3000円
A-4		メディアと人間	原島博・北川高嗣共著		
A-5	(第6回)	情報リテラシーとプレゼンテーション	青木由直著	216	3400円
A-6	(第29回)	コンピュータの基礎	村岡洋一著	160	2800円
A-7	(第19回)	情報通信ネットワーク	水澤純一著	192	3000円
A-8		マイクロエレクトロニクス	亀山充隆著		
A-9		電子物性とデバイス	益川一修・天川哉平共著		

基　礎

番号	配本順	書名	著者	頁	本体
B-1		電気電子基礎数学	大石進一著		
B-2		基礎電気回路	篠田庄司著		
B-3		信号とシステム	荒川薫著		
B-5	(第33回)	論理回路	安浦寛人著	140	2400円
B-6	(第9回)	オートマトン・言語と計算理論	岩間一雄著	186	3000円
B-7		コンピュータプログラミング	富樫敦著		
B-8		データ構造とアルゴリズム	岩沼宏治他著		
B-9		ネットワーク工学	仙田正和・石村裕共著・中野敬介		
B-10	(第1回)	電磁気学	後藤尚久著	186	2900円
B-11	(第20回)	基礎電子物性工学 ―量子力学の基本と応用―	阿部正紀著	154	2700円
B-12	(第4回)	波動解析基礎	小柴正則著	162	2600円
B-13	(第2回)	電磁気計測	岩﨑俊著	182	2900円

基　盤

番号	配本順	書名	著者	頁	本体
C-1	(第13回)	情報・符号・暗号の理論	今井秀樹著	220	3500円
C-2		ディジタル信号処理	西原明法著		
C-3	(第25回)	電子回路	関根慶太郎著	190	3300円
C-4	(第21回)	数理計画法	山下信雄・福島雅夫共著	192	3000円
C-5		通信システム工学	三木哲也著		
C-6	(第17回)	インターネット工学	後藤滋樹・外山勝保共著	162	2800円
C-7	(第3回)	画像・メディア工学	吹抜敬彦著	182	2900円
C-8	(第32回)	音声・言語処理	広瀬啓吉著	140	2400円
C-9	(第11回)	コンピュータアーキテクチャ	坂井修一著	158	2700円

配本順				頁	本体
C-10		オペレーティングシステム			
C-11		ソフトウェア基礎	外山 芳人 著		
C-12		データベース			
C-13	(第31回)	集積回路設計	浅田 邦博 著	208	3600円
C-14	(第27回)	電子デバイス	和保 孝夫 著	198	3200円
C-15	(第8回)	光・電磁波工学	鹿子嶋 憲一 著	200	3300円
C-16	(第28回)	電子物性工学	奥村 次徳 著	160	2800円

展開

D-1		量子情報工学	山崎 浩一 著		
D-2		複雑性科学			
D-3	(第22回)	非線形理論	香田 徹 著	208	3600円
D-4		ソフトコンピューティング			
D-5	(第23回)	モバイルコミュニケーション	中川 正雄・大槻 知明 共著	176	3000円
D-6		モバイルコンピューティング			
D-7		データ圧縮	谷本 正幸 著		
D-8	(第12回)	現代暗号の基礎数理	黒澤 馨・尾形 わかは 共著	198	3100円
D-10		ヒューマンインタフェース			
D-11	(第18回)	結像光学の基礎	本田 捷夫 著	174	3000円
D-12		コンピュータグラフィックス			
D-13		自然言語処理	松本 裕治 著		
D-14	(第5回)	並列分散処理	谷口 秀夫 著	148	2300円
D-15		電波システム工学	唐沢 好男・藤井 威生 共著		
D-16		電磁環境工学	徳田 正満 著		
D-17	(第16回)	VLSI工学 —基礎・設計編—	岩田 穆 著	182	3100円
D-18	(第10回)	超高速エレクトロニクス	中村 徹・三島 友義 共著	158	2600円
D-19		量子効果エレクトロニクス	荒川 泰彦 著		
D-20		先端光エレクトロニクス			
D-21		先端マイクロエレクトロニクス			
D-22		ゲノム情報処理	高木 利久・小池 麻子 編著		
D-23	(第24回)	バイオ情報学 —パーソナルゲノム解析から生体シミュレーションまで—	小長谷 明彦 著	172	3000円
D-24	(第7回)	脳工学	武田 常広 著	240	3800円
D-25	(第34回)	福祉工学の基礎	伊福部 達 著	236	4100円
D-26		医用工学			
D-27	(第15回)	VLSI工学 —製造プロセス編—	角南 英夫 著	204	3300円

定価は本体価格+税です。
定価は変更されることがありますのでご了承下さい。

図書目録進呈◆

コンピュータサイエンス教科書シリーズ

(各巻A5判)

■編集委員長　曽和将容
■編集委員　岩田　彰・富田悦次

配本順			頁	本体
1.	(8回)	情報リテラシー　立花康夫／曽春日秀雄／将容共著	234	2800円
2.	(15回)	データ構造とアルゴリズム　伊藤大雄著		近刊
4.	(7回)	プログラミング言語論　大山口通夫／五味弘共著	238	2900円
5.	(14回)	論理回路　曽和範将容公司共著	174	2500円
6.	(1回)	コンピュータアーキテクチャ　曽和将容著	232	2800円
7.	(9回)	オペレーティングシステム　大澤範高著	240	2900円
8.	(3回)	コンパイラ　中田育男監修／中井央著	206	2500円
10.	(13回)	インターネット　加藤聰彦著	240	3000円
11.	(4回)	ディジタル通信　岩波保則著	232	2800円
13.	(10回)	ディジタルシグナルプロセッシング　岩田彰編著	190	2500円
15.	(2回)	離散数学　―CD-ROM付―　牛島和夫編著／相朝廣廣利雄民一共著	224	3000円
16.	(5回)	計算論　小林孝次郎著	214	2600円
18.	(11回)	数理論理学　古川康一／川向井国昭共著	234	2800円
19.	(6回)	数理計画法　加藤直樹著	232	2800円
20.	(12回)	数値計算　加古孝著	188	2400円

以下続刊

3.	形式言語とオートマトン	町田　元著	9.	ヒューマンコンピュータインタラクション	田野俊一／高野健太郎共著
12.	人工知能原理	加納政芳／山田雅之／遠藤守共著	14.	情報代数と符号理論	山口和彦著
17.	確率論と情報理論	川端　勉著			

定価は本体価格+税です。
定価は変更されることがありますのでご了承下さい。

図書目録進呈◆